心智力

如何从破产者变成亿万富翁！

[德] 博多 · 舍费尔 著
(BODO SCHÄFER)

王习又 译

中国出版集团 现代出版社

图书在版编目（CIP）数据

心智力 /（德）博多·舍费尔著；王习又译．—北京：现代出版社，2020.2

ISBN 978-7-5143-8312-6

Ⅰ．①心… Ⅱ．①博… ②王… Ⅲ．①成功心理—通俗读物 Ⅳ．①B848.4-49

中国版本图书馆 CIP 数据核字（2019）第 270650 号

心智力

作　　者：（德）博多·舍费尔
译　　者：王习又
责任编辑：姚冬霞
出版发行：现代出版社
通信地址：北京市安定门外安华里 504 号
邮政编码：100011
电　　话：010-64267325　64245264（传真）
网　　址：www.1980xd.com
电子邮箱：xiandai@vip.sina.com
印　　刷：三河市宏盛印务有限公司
字　　数：132 千字
开　　本：710mm×1000mm　1/16　　印　　张：12.5
版　　次：2020 年 2 月第 1 版　　印　　次：2020 年 2 月第 1 次印刷
书　　号：ISBN 978-7-5143-8312-6
定　　价：38.00元

“为梦想生活！如果你自己都无法坚持初心，
那么任何人和事都爱莫能助。”

“代表结束的并不是失败，而是放弃。”

PREFACE 前言

你想成为所向披靡的人吗

如此，你做某些事情总能成功，你能达成所有的目标，实现所有的梦想。

所向披靡意味着：没有什么能阻挡你。无惧问题，没有恐惧，不会倦怠，不存在障碍。你能点石成金。

不可能吗？请继续往下看。

我有阅读障碍症，曾经差点儿因此辍学。我因为遭遇太多的问题和恐惧而想放弃自我。我在26岁时，因破产而陷入绝望。

但是，我在30岁时，成了一名百万富翁，实现了财务自由。之后，我出版了6本《明镜周刊》最佳畅销书，其中有两本是全球畅销书。

我以前很怕在人前说话。小时候，有一次要在教堂诵诗——还没开始，我便紧张得牙齿打架。教堂里所有人，都听见了麦克风里传出的我牙齿咯咯作响的声音。但是，2006年，我在莫斯科奥林匹克体育场，面对35000名观众，进行了一次成功的演讲。

我是如何办到的

答案就是：我学习了心智炼金术！

我学会了如何将自己面临的问题完全转化成金子。凭借着心智炼金术，我得以所向披靡。

人生有三大挑战，每个人都可能遇到

· 放弃的诱惑

· 忧虑和恐惧

· 问题

这三大挑战如同让人失败的绊脚石。或许，这也是让我们用来制造黄金亦即收获成功的基础材料。

这三大挑战能打败我们，同样能成就我们，单看我们是否掌握了心智炼金术。

心智炼金术让我们所向披靡，几乎所有卓越的人物都学过这一技能。

若想获得财务自由，过得快乐，就一起来学习心智炼金术！

我认识的那些优秀的人

教皇约翰·保罗二世（Papst Johannes Paul II）单独接见过我。他曾被袭击，受了重伤——他向我倾诉过内心的恐惧……

演员尚－克劳德·范·戴姆（Jean–Claude Van Damme）成功的道路非常艰辛。我和他谈起心智炼金术，他紧紧地抱着我，大声地说："对，的确如此！"

我与超级商人、亿万富豪理查德·布兰森（Sir Richard Branson）一起举办过一次讲座，主题是"战胜恐惧和问题的力量"。

总统比尔·克林顿（Bill Clinton）、超级拳王弗拉基米尔·克里琴科（Wladimir Klitschko）、企业家罗伯特·清崎（Robert Kiyosaki）、德国前总理赫尔穆特·科尔（Helmut Kohl）、"足球皇帝"弗朗茨·贝肯鲍尔（Franz Beckenbauer）、励志作家安东尼·罗宾斯（Anthony Robbins）、励志大师杰克·坎菲尔德（Jack Canfield）、"世界杯金球奖"得主奥利弗·卡恩（Oliver Kahn）……我对他们都非常了解。

他们都遇到过这样或那样的问题，有过恐惧，也想过放弃，但这些都没有阻挡他们前进的脚步。

你也可以所向披靡

我们所有人都会面临这三大挑战——放弃的诱惑、恐惧、问题。但我们可以学习把生活中的这些"卑材料"炼成发光的金子，以此来释放我们自己真正的潜力。

借助心智炼金术，我们可以将压抑的念头转化成黄金般的机会。

心智炼金术是什么？它意味着，我们可以成就最好的自己。炼金术代表着蜕变——将生命提升到更高的生存层次。

我为什么给你带来这本书

无法表达对书中这些知识的感激之情，我现在拥有的生活已远远超越我的梦想。

我的老师和教练，将心智炼金术的知识传授给了我。现在，我要将这份礼物传递给你。

在此，我请求你继续将它传递下去，将这份礼物送给你最重要的人。

最后，我希望你能在心智炼金术中收获快乐和成功，成为最好的自己。

祝所有人过上梦想的生活。

博多·舍费尔

图为博多·舍费尔与尚－克劳德·范·戴姆

“勇气不是指没有恐惧，而是尽管充满恐惧，仍旧想办法去战胜它。”

◎ 让我向你介绍一个年轻人 ◎

他 26 岁，负债累累，肥胖，喜怒无常，丝毫不懂自律。尽管他表现得自负，实际上他时刻都处于忧虑的状态。他从未真正相信自己能获得成功。他从未想象过自己有一天能成为有钱人。

他最大的问题是：每当他不得不遭受挫折或者经历艰难时刻，他的恐惧也会不断地吞噬他，让他只想放弃。那是最糟糕的了。

这个年轻人名叫博多 · 舍费尔。他跟现在正与你聊天的博多 · 舍费尔，已经没有多大关系了。他的变化实在太大了。

我认为，曾经的他和现在的他，最大的区别是，他学会了三个重要的人生课程：

1. 不轻言放弃，从不，绝不。

2. 学会与忧虑和恐惧打交道。

3. 将问题转化成金子。

成功路上最大的绊脚石是：恐惧、放弃、悬而未决的问题。我们如果想拥有幸福和充实的人生，就必须学会跨越这些阻碍。

我花了两年的时间学会这些课程。这段日子对我而言，真是太漫长了。但这一切是值得的，我当时学会了很多东西，不久之后，我便实现了财务自由。

今天，我可以给你提供一些重要的建议和深刻的见解，以助你应对忧虑和恐惧。你可以从本书中获得以下实实在在的好处。

1. 第一部分是，你将了解自己为什么必须坚持不懈，我将给你提供三点具体的帮助，让你做到永不放弃。

2. 第二部分是，你将学会如何正确地处理忧虑和恐惧。

这一点非常重要，无论是谁，如果无法处理自身的麻烦，迟早会放弃。

3. 第三部分我要说的是，如何解决问题，走向成功。此处会将三个部分的内容整合到一起。

我的建议是，先通读本书，然后根据需求选择性地阅读。

如果你总是想放弃，请看第一部分；如果忧虑和恐惧使你的生活变得黯淡，请看第二部分；如果你有需要解决的问题，请看第三部分。

在一定程度上可以说，你不必再独自面对这些状况，本书将会给你提供帮助。就像我当时获得帮助一样，我会在之后为你一一道来。

让我们从坚持开始吧！

“一旦想要放弃，不妨稍事休息，这样才能更好地持续前行。”

CONTENTS 目录

第一部分　赢家坚持到底

第二部分　这样应对恐惧和忧虑

第三部分　将问题转化为金子

图为博多·舍费尔与杰克·坎菲尔德

CHAPTER I

第一部分

赢家坚持到底

赢家坚持到底

你是否听过这句话——“赢家坚持到底”？毋庸置疑，这句话是真理。轻易放弃的人，绝对不会成为赢家。

每个人都会在某一时刻突然产生放弃的念头，这很正常，我也不例外。我们都会难以避免地产生这样的念头，不必惊讶，也不必为此自责。

怀疑是人的本能。从我们当前的角度来看，这么做有一些充分的理由：人们之所以想放弃，是因为他们另有期待，是因为他们感到失望。因为他们认为，这一切原本应该进展得更快、更好、更容易！总是如此。

我不知道你现在处于什么状态。也许，你正在犹豫是否要放弃。如果是这样，现在正是阅读本书的好时机。在当前状况下，这本书甚至可能是你人生中最重要的读物。我请求你，将一章的内容好好地多读几遍，再来决定是否真的要放弃。

你可能听到和见过“绝不放弃”这句话。赢家无一例外都会说，最重要的是坚持不懈！没有什么比毅力更重要。

坚持是成功之路上最重要的因素。毅力比所有其他成功因素加在

一起都重要。

你如果想达到更高的目标，总要先经历“毅力”这一关。换句话说，成功者绝不放弃，放弃者绝不成功。因此，我们不能轻易地选择放弃。

因为选择放弃的人，只是在一味地逃避学会坚持这一过程。

我们不禁自问：为什么毅力如此重要？当真如此重要，我们怎样才能确保自己永不放弃呢？

让我们先来看看几个老生常谈但非常重要的事实。

真想放弃的人绝不会直言放弃

我从没见过谁直接这样说：“我现在准备放弃了。”这个时候，往往有很多种听上去更圆滑的表达方式。

这也是可以理解的。想要放弃的人，大多数正处于情绪的低谷。对他们而言，如何尽快逃离目前这让自己饱受煎熬的局面，才是唯一正确和合乎逻辑的做法。

在这种情况下，他们会重新选择让自己更快乐，看起来前景更好的道路。当然，比起说“放弃”，他们会赋予这个行为更能让人接受的说法。正如我所说，这一切都显得那么合乎逻辑、合乎情理。但这是完全错误的！

让我来解释一下原因。

我们不能美化“放弃”，我们必须着重强调“放弃”二字。因为这关系到通往成功的路上最大的危险。

我们在这一处境下奉为真实的东西，实际上是一种扭曲的错觉。我们当前看到的事物全都被失望的眼镜有色化，我们现在却认为自己了解的是真相。

这完全是无稽之谈，是一种充斥着绝望和沮丧的傲慢。因为只有一件事是对的，我们正处于情绪的低谷之中，身处于此，不可能有清晰的认识。

当我们处于低谷时，绝对不可以提出放弃。赢家深知，**如果我们打算停下手中的工作，只能是在到达巅峰之时**。如果在低谷时期放弃，这种失败将会跟随我们一生。"我放弃了"这道坎儿，会一直困扰着我们。我们还会始终疑惑："如果我坚持下去，会怎样呢？我是否不该将事情考虑得过于简单？"

不要让这种事情发生在你身上。当你处于低谷时期，不要考虑放弃。请再努力一点儿，辛苦一点儿。你只有到达巅峰，才有权利做出选择。

只有这个时候，你才有选择。只有这个时候，你对不同的道路才有足够的认识，你才完整经历了四季交替。只有这个时候，你才能拥有完整的视野。但最重要的一点是，在巅峰时期停下来的人，不是放弃，而是已经实现了人生目标。

我们的人生道路就如同爬楼梯。我们如果身处阶梯，就看不到往上的方向，好像我们站着不动似的。但实际上，我们正朝着上一层阶梯前进。阶梯的上升突然变得陡峭——你到达了下一个高度。

但是，很多人不愿意经历这些，因为他们不接受阶梯式的道路，他们对全程充满了质疑，总是试图去寻找其他上升的捷径。

但是，他们总爱逃避这些必须经历的过程。然而，我知道，不断地壮大，提升自我，是非常重要的，因此，我愿意给那些在放弃边缘徘徊的人以帮助。我告诉他们，想要放弃并不可怕，但是，我们必须尽快摆脱这样的想法，继续前进。

我的故事

我也不例外。在我的职业生涯中，我多次想过放弃。在 26 岁的时候，我做出了明智的决定：从现在开始，我要加速前进了。

但是，没过多久，我便遇到了问题，而且我认为自己完全没有能力去解决这个问题。尤其是，我曾有过三次无比绝望的时刻，我怀疑自己，认为继续坚持毫无意义。在当时的我的眼中，只有换一份让我觉得更有趣的工作来做，才有可能收获更多，自己才会更快乐。

但是，为什么我最终还是坚持下来了呢？归根结底，只有一个原因：我的教练向我阐释了，一个打算放弃的人，人生究竟会变成什么样子。

理解了事情背后隐藏的本质，我们才能认清，自己是做出了明智的选择，还是正在陷入陷阱之中。因为，“放弃”没有别的作用，它正是我们在探索成就自我的道路上，可能陷入的最大的陷阱。

请你好好认清放弃本身的真面目。我不知道你是在什么情况下读到了这本书。也许你正有打算放弃的念头，那么，请你严格地审视自己的下一个想法又能坚持多久。

也许你可以找出想要放弃的诱惑背后隐藏的东西。也许你还在继续向前，在这种情况下，请记住你曾经差点儿放弃的情形。

关于坚持与放弃，教练告诉我的四点认知

1. 没有一个人以前从未想过放弃。

2. 为了成功，我们必须付出的代价是，坚持。

3. 最重要的：当夜晚最黑暗的时刻来临，也就意味着即将迎来曙光。山谷与山峰总是紧密相连。

4. 背后真正的原因：为什么我们总会走到想要放弃的一步？如何才能学会坚持？

让我们详细研究这四点认知。

第一点认知：没有一个人以前从未想过放弃

这一点确实适用于每一个人。这缘于人的天性，并且不管我们选择何种职业，都会面临这个问题。想要放弃的原因，可能各不相同，但是，我们迟早都会走到这一步。因此，它与从事何种职业无关。

每个人在每一份工作中会经历四个阶段。这四个阶段是始终存在的。其模式总是相同的，只不过根据个性的成熟程度，我们的体验会有所不同。

第一阶段

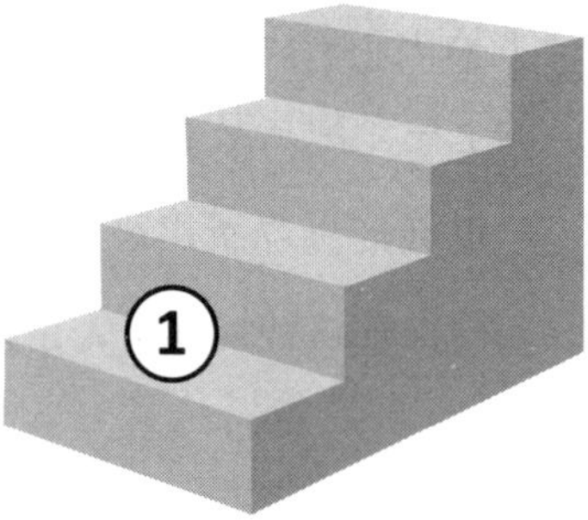

在第一阶段中，我们会处于十分亢奋的状态，因为我们怀揣着很高的期望。我们总爱承诺太多，然而，这些想象和工作本身毫无关系。

我们如何才能看清真相呢？这是一项全新的工作。当然，如果我们坚持不懈，这条路终究会通往成功。

但是，通常不会像我们想象的那样进展迅速，并且常常和我们想象的完全不同。特别是，这可能比我们想象的情形更为艰难。生活就是如此，也总是如此。

第二阶段

初始阶段的蜜月期用不了多久就会过去，幻想被现实取代。内心的期望全部落空。对此，我们无能为力，但是，在这一阶段，我们觉得自己受到了欺骗。不只是失望，而是失望透顶。

我们预料到，前面还有一条十分艰难的道路。你也会认为自己踏入了低谷。你感觉自己被利用了，或者至少是被低估了。重要的是，你觉得自己选错了道路。

这就是第二阶段。这也是大多数人第一次想要放弃的关键节点。当然，这是不明智的，因为任何工作都不可能和我们想象中的完全相同。我们必须明白，我们始终必须经历第二阶段。

现在，更重要的是，这项工作虽然和我们起初预想的不同，但是它和我们现阶段想象的也不一样。因为我们现在处于山谷中。身处谷底，当然无法具备任何远见，当然也就不能对当下的状况做出正确的分析。

可能没有一个阶段，会让人如此扭曲地去看待事实。透过失望、沮丧和怀疑的眼神，不可能看清真相。因此，第二阶段最佳选择始终是，闭上眼睛，继续坚持。

你知道教练向我解释的时候，我是怎么回答他的吗？我说："你说的可能都是对的，但是我的情况不同，我考虑得很清楚。"

我真的是这么想的。教练坚持说，每个人在这种状况下都是这么走过来的，他不允许我放弃。

简单来说，在这段时间里，我曾有两次非常抓狂——因为我被困在这一阶段实在是太久了。此外，这也和我对教练期望过高有关。

起初我以为，教练会对我关怀备至。然而，最开始我几乎都看不到他。他花在我身上的时间太少了，我只能和他通过电话进行简短的交流。

这个状况持续了差不多两年。为什么我从教练那里分到的时间那么少？因为我必须先向他证明，我已经吸收了最重要的一课：永不放弃。

现在，我明白了，如同其他成功的教练一样，他遵循的工作原则是"磨刀不误砍柴工"——最重要的成就，就是学会坚持。其他的一切都可以在教练的辅导中学到。

坚持不懈是我们必须独自磨炼的一项品性。只有当我们证明自己已经具备了坚持的品性，对于教练而言，这项辅导才是明智的投资。

这一切我当初顶多只是了解。但是，我最终坚持了下来，因为相比我个人的判断，我更信任我的教练。这是我的幸运。

最终，我大大实现了我所有的期望和梦想。但是，这和自己最初想象的不同。当中过程的艰辛远远超乎我的想象，困难更多，麻烦更多。今天，我明白了：这就是代价。我很庆幸自己付出了这份代价。

第三阶段

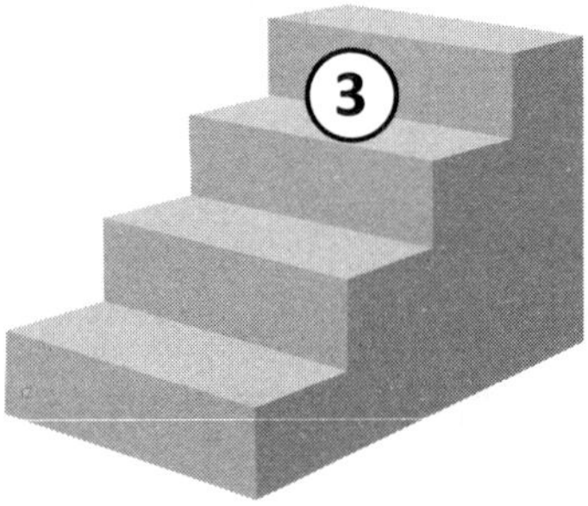

在第二阶段没有放弃，并且继续前进的人，将进入第三阶段。在这个过程中，感觉会持续变化：一会儿充满挫败感，一会儿又激情满满。专业知识储备已经非常丰富，但性格尚未稳定。

在第三阶段，我们常会高估自己。因为我们具备丰富的知识，所以认为自己应当获得更高的回报。这通常非常简单——至少对于与绩效挂钩的工作而言：我们如果真的价值更高，赚得也将会更多。

为什么很多人在这一阶段实际赚的钱比应当得到的少呢？因为这个阶段我们相信，由于自己的专业知识，我们不必太操心赚钱的活动。这就是所谓的 EPAs。我们认为，这有损自身尊严。一切必须更为简单。

谁要是有了丰富的专业知识，金钱必须乖乖地自己过来。这当然是不可能的。一家公司如果信奉这一点，过不了多久，肯定倒闭。

在这一阶段，我第三次产生了打算放弃的念头。原因很简单：我的17名员工全体辞职了。真的是全体员工。这一消息让我瞬间被摧毁了。我打电话给我的教练，向他哭诉我的失意。他只说了：“好事！”

你们相信吗，他真的回答说“好事”？我觉得这简直是不可理喻。接着，他简单地解释说：“如果你的员工辞职了，说明对你而言，他们并不是合适的人。现在你有机会重新去寻觅更好的工作伙伴。你立刻着手去做。”

起初，这并没有真正帮到我。但是，教练跟我说，我最本质的问题在于：我还无法做到自我引导。总是想放弃的人，最根本的原因就在于没有学会自我引导。

虽然在自己得意的时候能够做到这一点，但是，当我充满忧虑和恐惧的时候，或者遭受严重的挫折时，我便无法掌控自己。

况且，全体员工辞职这件事，着实对我打击很大。毕竟，我花了近两年的时间寻找和培养他们。结果现在，他们一下子全跑了。这实在令我无法接受。与其说“我想要放弃”，倒不如说，我内心已经放弃了。

但是，教练不接受我的想法。他说：“现在是你人生的关键时刻。你马上将迎来事业的加速发展期，现在绝不能放弃。”我再一次选择信任他，即使我完全看不到所谓的大好前景，更多感觉自己前途渺茫。

这段时期，教练有时会对我非常严厉。这一点当然有益于我。实际上，我现在的确离上升期不远了，只是自己不知道而已。如果我现在选择了放弃，那将是极大的遗憾。

换成数字来说，在我打算放弃时，按照现在的价值，我赚到了大约 7000 欧元——我觉得我的收入简直太低了。3 个月后，我赚到了 13000 欧元。接下来的一个月是 34000 欧元，随后的那个月增至 76000 欧元。此后不久，收入便突破了 10 万欧元。

18 个月后，我实现了财务自由。我如果当初选择了放弃，就无法取得之后的这一系列成绩。

我如果说“**没有压力就没有动力**”，你会赞同我的观点吗？

你也许会说：“对，这个说法没错。”

但是，这之间有什么联系呢？如果我们在轻松的环境下无法成长，也就可以认为：我们应当对自己遇到了艰巨的任务和问题感到高兴。它们能促使我们成长，变得更强，赚得更多。

因为，我们的收入取决于我们解决问题的能力。

许多被我们轻易定性为“问题”的事情，实际上只是一项有难度的任务，是一项可以促进我们成长的任务。

当然，在我的 17 名员工集体辞职的时候，我并不这么想。我不明白教练所说的这件事好在哪里。但是，我确实需要这个问题。

植物的生长离不开阳光和雨露。同样，对我们而言，成功和失败两者缺一不可。我们每一个人都必须亲自经历自己的雨季。每个人都需要有难题才能成长。

宇宙总是精确地给我们带来成长所需的任务。当然，我们更乐意做一些容易的事情。但是，这些容易的事情对我们的成长无益，无法让我们成长为自己期待的模样。

我觉得，我们真正需要的工作，会时不时出现难题，让很多人产生放弃的念头。问题会在第二阶段接踵而至，而最艰难的挑战在第三阶段。但是，我们需要解决两个阶段中的所有难题，才能变得强大。

第四阶段

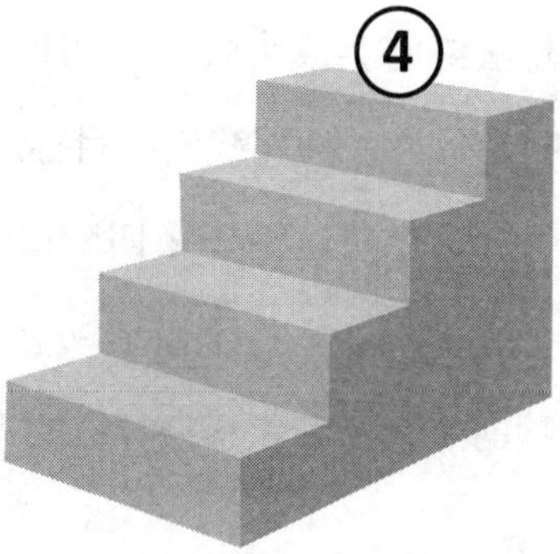

只有到达第四阶段，你才可以稍微松一口气。你已经打消了全部的疑虑——至少暂时不存在了。你已经学会游刃有余地引导自己。你能够掌控自我和自己的事情，虽然你还会时不时地产生忧虑和恐惧。

但是，基础课程你已经学会了：放弃不是你应该选择的。至少在你实现目标之前，它都会一直围绕着你。

经历过第四阶段的人都知道，当面对一项新的任务，或者有了新的目标，都会重新遇到这四个阶段。因为这正是你所期待的，你不会再因此而感到沮丧。现在，你已经明白了其间的关系。

况且你知道，我已经达到过第四阶段。虽然可能会偶尔怀疑，但是，我肯定会再次实现目标。下一次对我来说，肯定会更加容易，因为**放弃不再是我考虑的事情**。由于能力的提升和经验的丰富，这一切对我而言，都会更简单。

为什么当不再选择放弃，一切都会变得更加容易呢？因为，打算放弃的人，会不思进取，不再采取任何行动。他只会空想，只会苦恼，渴望这一切赶快结束。

但正是当我们处于沮丧期时，我们才必须行动。因为我们只有采取行动，才能有所成就，才能收获金钱，才能让生活继续向上发展。

谁如果老想着放弃，并且为此搬出一大堆理由，那他的这些消极想法终将会成为现实。如果我们长时间不采取行动——因为内心已经打算放弃——那我们的目标只会离我们越来越远。

谁如果达到了第四阶段，并且再也不考虑放弃，那么他会节省很多精力，会坚持不懈地朝着自己的目标努力。同时，他的这份坚定不移的热情，也能感染身边的人。

第二点认知：对于任何事情，我们都必须付出相应的代价

虽然我们知道这一点，但是几乎没有人告诉我们，代价到底是什么。后来，教练在关键时刻告诉我："成功的代价就是我们的坚持。成功的秘诀是永不放弃。"

坚持对我们大多数人而言，并不是特别困难。至少对于渴望成功的人是如此。大多数时候，我们都能较为轻易地完成任务。但是，也会存在艰难的时期，我们必须付出更多，这也并非无法完成。

然而，有时候一切都进展不顺。我们屡受挫折，并且遇到看上去无法战胜的困难。失望，或者是恐惧、忧虑，纷纷找上门来。现在，你知道这些阶段都是正常的过程。某种程度上可以说，它们是每一条成功道路上遗传密码的一部分。

现在，我们已经到了至关重要的时刻。请不要把事情想得过于复杂和麻烦。因为，一切其实很简单：当真正处于艰难时期，就需要抉择，我们是否准备好付出应有的代价。这很重要。

也许，你想先从一场完美的讨论开始。也许，你已经想好了聪明的论点和巧妙的理由。但是，事情其实很简单：你是放弃，还是坚持下去。你不愿付出代价，或是甘愿付出代价。每一位成功者都能向你证实这一点。

提前为此做好准备很有必要。这样，我们才能更明确自己的选择：我准备好付出代价了吗？我不打算放弃了，是吗？

我想告诉你，你如果不能坚定地声称“我永不放弃”，那就没必要重新开始。否则，你只会浪费自己的时间。

因为你总是会遇到各种想要放弃的时刻。你如果不能提前坚定自己“永不放弃”的决心，迟早会选择放弃。

再说一次，你如果无法坚持“只要没有达成目标，我便永不放弃”，也就没有开始的必要。否则，你只会浪费更多的时间，包括你自己和信任你的人的时间。

第三点认知：当夜晚最黑暗的时刻来临，也就意味着即将迎来曙光

我向你保证，如果在沮丧的时候仍然选择坚持，你会在接下来的6个月中收获非凡。在个人性格上，在个人收入上，你都会产生质的飞跃。

你能想象，当初我的所有员工辞职时，我有多么沮丧吗？2年的辛苦工作，被瞬间摧毁了。而且，教练在我陷入困境的时候，给予我的帮助并不多。

我不只感到挫败，而且非常失望。我感觉全身的力气都被抽走了。此外，我还遭遇了一些棘手的个人问题。夜晚已经黑暗到了极点。

然后，我的教练告诉了我这个至关重要的真理：“夜晚最黑暗的时

刻来临，也就意味着即将迎来曙光。”

这对我有帮助吗？没有。我可以相信吗？不。至少一开始是不相信的。

接着，我的教练做了一些完全出乎我意料的事情。他向我讲述了他的故事，就像我告诉你我的故事那样。他向我诉说了他生活中遭遇的那些不幸。他告诉我他是如何不得不一切从头来过，他必须处理哪些问题。他告诉我他想要放弃时过得如何。他告诉我他无助的时候……

然后，他向我分享了自己关于放弃的四点认知。我突然明白了，原来每个人都会经历这些，因为这是成功之路上必不可少的一部分。

坚持，就是我们为了成功而必须付出的代价。

短暂地跌落深渊，是为了攀登更高的山峰。

至于产生放弃念头的真正原因是什么——接下来我们会来探讨。

我感受到，我的教练已经尽其所能地帮助我了。现在，我必须自己做出抉择。最后，他告诉我：“我如果当初选择了放弃，现在也就无法坐在这里，现在我也没有能力帮助你。”

我懂得了这一点。我认识到，一切事物都处于永恒的循环之中。这一点将永恒不变——至少在人生真正重大的事情上是如此。从中，我得到了一些领悟，让我得以坚持了下来。我明白了，我如果想为自己感到骄傲，就不能选择放弃。我如果以后想有帮助别人的机会，现在就必须坚持下去。

因为将来我会坐在桌子的另一边，我将担任教练的角色，给予其他人力量，帮助他们，让他们不要放弃。但是，要实现这一切，我必须先自己学会坚持。

我如果想成为一名成功人士，必须具备一定的毅力。我知道，现在这一点非常关键。我必须要为之后的生活做出抉择。我明白了一切，因此我当初选择了坚持。

如果我当初选择了放弃，这本书将不复存在。如果选择了放弃，你就没有任何成功的可能。

第四点认知：我们的理由

让我们来探讨之前稍稍提及的第四点认知：探究我们打算放弃的真正原因。我们的脑海中为什么会闪现出想要放弃的念头呢？我们要如何才能学会坚持？我之前说过："我们总是自以为有充分的理由放弃。"为什么说是自以为呢？因为处于低谷时期，我们无法察觉自我感知能力已经失真。我们仍然以为，自己看得很清楚。我们认为自己基于目前获取的经验，足以做出判断。

我们以为：

1. 我做不到。这不适合我。

2. 我感到失望透顶。甚至，我也许认为自己被欺骗了。

3. 我不喜欢自己所做的工作，这项工作对自己也没有任何好处。

4. 代价看上去太高了。

此外，许多人在失望的情绪下，总是怀疑身边充满了背叛。满腹狐疑的人会总感觉自己像被驱使的蜜蜂，被过分压榨。他们觉得，一切承诺都被打破了，他们质疑周边的所有人和事……

这一点非常危险，因为**一个人一旦丧失对外界的信任，那么他的人生路上，当然也就无法拥有坚定的方向**。

所以，我想要相信我的教练，我想要以一位比我强大的人为指引方向，即使是在我充满强烈的怀疑的时候。

所幸我知道，这些怀疑实际上都和我的教练无关。这都是我自身的问题。因为我正是那个摇摆不定的人。他就好似一棵树，始终坚定地站立在那儿。我却不知道自己是谁。相反，我的教练从未改变过。我只是把我的怀疑投射在他的身上。

当我们想要放弃的时候，我们总喜欢去挑别人的错，并且使自己显得像弱势群体。

回过头继续说我们在失望时自以为是的判断能力。这时候，我们总会高估自己的洞察能力。然而，设想一下，假如不是身处谷底，而是处于高山之巅，我们获得了超乎寻常的成功，并且收入不凡，那么，我们又会戴着什么样的眼镜去看待眼前的一切呢？也许我们会认为：

1. 这些事我很在行。它们完美地激发了我的能力。这些工作很适合我。

2. 当初我选择坚持，是多么正确的决定啊。正因为如此，我才有机会成就现在的自己。

3. 我很喜欢自己所做的一切。它们总是带给我极大的乐趣。

4. 付出的代价或许很高，但是收获了更大的回报。总的来说，这绝对值得付出。

我的教练当初对我说的那些话，很难让我接受：“舍费尔先生，你的感觉都错了，你现在都用失望的眼光去看待周遭事物，你对你自己和工作的看法，与我看到的完全不同。你如果认为自己现在有能力看清当前的实际情况，那就太自傲、太自负了。因为我站在这个高度，我能看得更清楚。”

而我当时认为：“如果要说谁自负，那这个人肯定是我的教练自己。”

但事实证明，我的教练是正确的。他真的能掌握全局，而我如同管中窥豹，时见一斑。相反，我的教练早已看清这只是事实的一部分，这其实无足轻重。

接下来的故事，会向你阐明为什么我们身处谷底，仍以为自己可以对当前的情形洞若观火。更重要的是，要向你阐明为什么这是错的。

猫鼬生活在很深的地底下，因为里面的环境非常温暖舒适。在它们之中，流传着一句传闻，那就是地面上的世界非常美丽，但同时险象环生。它们想要去外面的世界看看，于是，它们派了一只侦察兵，前往查探。

这只侦察兵到达地面上，伸出小脑袋的瞬间，满是恐惧。

那是一个冬天的早晨，暴风雪席卷着冰碴儿和雪块，拍打在它的脸上。它可从来没想过地面上是这样的情景。于是，它急急忙忙缩回地底下，向同伴汇报在地面上差点儿小命不保的遭遇。

但是，因为关于地面上的美丽传闻又是那么言之凿凿，猫鼬们决定等到 7 月再派一只侦察兵去查探情况。

这次，这只侦察兵看到的是一幅非常美妙的景象。

7月，和煦的阳光普照着大地，鸟儿叽叽喳喳地唱歌，蝴蝶在身边飞舞。猫鼬懒洋洋地闻着青草的香味，阳光温暖地洒在它的身上。

这次，侦察兵又返回大本营，热情洋溢地报告自己的所见所闻。

现在，猫鼬们不知道到底应该相信哪一次的情报。地面上究竟是一片冰雪世界，还是充满温暖的阳光和青草香呢？

紧接着，秋天和春天来临，它们又分别派出侦察兵去地面上打探情况。反馈回来的信息再次各不相同。

最终，充满不安的猫鼬们决定，为了安全起见，仍旧继续待在地底下。

猫鼬的故事就象征着一项工作中会历经的四季。**一年中总会有事事如意的夏季，也会有诸事不顺的严冬**。在某些时期，你可能付出了很多，但收获寥寥。

有一些人天真地想找到一项永远如同在夏季的工作。但就如同自然界中季节交替一样，职场中也会经历好坏时段的轮回。

赢家欣然接受季节交替的定律。由此，他们能够从中学会和糟糕的时期打交道。寒冬不会令他们泄气。因为他们知道，寒冬不会永远持续下去。

赢家不会将冬季的萧条看作个人的失败，而是将之看作事业整体的一部分。

赢家知道，当夜晚最黑暗的时候来临，胜利也就不远了。

我们是否能抓住胜利的果实，取决于我们是否愿意付出代价——坚持，而不是放弃。

“你可以哭，可以发泄，也可以怀疑自己，但短暂的调整过后，请继续前进！”

“放弃不能成为选择。”

逃避问题是行不通的

你知道，除了列出的这些原因以外，为什么很多人特别喜欢选择放弃吗？因为可以一下子换来清静。因为他们就再也不需要继续努力了，一副重担总算可以卸下。这一选择显得多么理智，多么人性化。

但请你相信我，这完全是假象。同样的问题总会在其他工作中再次出现，而且差不多一模一样。

我为什么会如此断定呢？因为坚持不只是为了哪一项工作，而是它本身就属于一项学习任务。**如果我们无法胜任这项任务，那么同样的情景将会不断上演**。我们必须解决这个问题，否则将会止步不前。

因此，总是有很多人开始一项工作后，却一而再，再而三地半途而废。他们就好似居无定所的游牧者一样，随着一项项的工作不断地迁徙。

人们选择放弃是为了逃避问题，但他们似乎难以如愿。这些问题会一直困扰着他们，因为这属于性格缺陷的一部分。问题就如同我们的影子，始终伴随左右。

当然，没有逃避者会承认自己的行为。他们宁愿一直生活在谎言之中。比如，他们会借口道："我没有做成这件事情，是因为这事儿太没意思了。我需要转换一下。"

这听起来似乎有道理，但我觉得这样的论调毫无意义。我认为，**在困境中拼搏，远比逃往"康庄大道"更能引人入胜**。

我觉得，"游牧者"喜欢逃避。他们不愿与自己讨论，他们逃避任务，他们回避可以促进自身成长的问题。他们总爱借助谎言来掩饰。然而这些毫无依据。谁能将生活建立在虚幻的谎言之上呢？

我们宁愿一开始就选择看清真相。就如同之前所说，我们首先必须学会坚持，特别是当我们处在职业生涯初期时。要尽可能在实现目标之前，尽快养成坚持的好习惯。因为只有如此，你才能具备做出正确决断的远见。

当然，逃避问题是人的天性，这一点无可厚非。选择放弃看上去好像是解决之道。但问题本身属于我们自己的一部分。所以，逃避根本不是办法。

我们永远不能忘记：**问题不属于当下的处境，它们属于我们个人的一部分。认为问题脱离我们自身而存在的这一想法，原本就存在问题**。如果是这样，那么我们就还没有真正地明白，一切的问题都存在于我们自身。

我们一定不能放弃的一个更重要的原因，就是只有这样，我们才能获得最终的清静。

简单来说，有两点基础的人性的驱使力：逃避痛苦和体验快乐。痛苦面前绕道而行，快乐面前蜂拥而至。

如果我们选择放弃，可以暂时逃离眼前的痛苦。但是，如果我们一味地逃避痛苦，这条路又会通向何方呢？最终将只能无路可走。想想，每当遇到难题都选择绕开，那么我们永远达不到目标。逃避和达成目标显然是背道而驰的。

变得强大，掌控问题是明智的选择。要学会忍受痛苦，学会坚持。但请思考一下，为什么那么多人想要选择逃避呢？这份答案需要从我们的进化史中去寻找。

“所有的痛苦都具有它存在的意义，奋斗也拥有值得的理由。最终，你的坚持都会换回相应的回报。”

逃避是一项古老的技能

在远古时期，当我们遇到一头狮子，学会逃跑非常重要。我们要是跑得不够快，那么只能沦为狮子的盘中餐。所以，逃避痛苦，也就是逃跑，是当时最重要的生存技能。

慢慢地，每当看到草丛中有异动，我们的祖先都总是早跑为妙。因为那里藏着的可能是狮子。而且，如果等到草丛中的动物靠近，让人能清楚地判断它是头狮子或者只是无害的小动物时再做决定，似乎也不太明智。这项技能虽然保证了生存，但除此以外，毫无作用。这样的生存方式无法促进我们进步。长期以来，我们的祖先按照这种模式生活，而整体社会几乎毫无发展。他们从不企图实现任何目标，对外界只做出反应，却不采取行动。外部环境和存在的问题制约了他们的生活，让他们丝毫没有自主决定权。

培养个人毅力有利于争取自我决定权。人只有拥有坚定信念，才能有所成长。困境能够促进人不断强大，让他学会掌控周边的环境，并不断地在工作中找到更广阔的自由空间。

相反，大部分人选择逃避，而且把这种逃离看作自由。他们忽视了，自己只是延续了祖先的那套行为机制。这套方式在远古时期也许有用，但如今对于实现目标毫无帮助。

还有一种更加聪明的想法，是将问题看作良药。它可以让我们变得更聪明、坚定、强大。通往强大的道路让我们明白一个道理：我们只有学会坚持，不中途逃跑，才能体会到持久的快乐。

因为逃跑者在逃避痛苦的同时，也失去了获得快乐的机会。确切地说，他错失了自己可能成为的模样。逃跑者，逃避掉了个人的成功。

为什么有人会选择放弃

我们再深入一层，从另一个角度来讨论放弃。我们来讨论一下：我们究竟是如何发展到这个地步的？

我曾经有三次想要放弃，第三次是最艰难的时刻。在我解决了那些问题之后，又过了几周，我才更加清晰地意识到这一点。于是，我问自己："我究竟是如何走到想放弃这一步的？"

情况为什么会发展到难以忍受的地步，针对这一问题，我并没有寻找一些想当然的原因。我没有寻找客观原因当借口，我寻找的答案是个人主观性格问题。

我问自己：我性格中哪些不成熟的成分，促使我有了想放弃的念头？

我跟我的教练进行了几次交流——他现在有更多的时间可以花在我身上了。在拿破仑·希尔的著作《思考致富》中，我找到了几个重要的答案。

首先，我想告诉你我当时思考出的结论。

我确信自己并非因为情势艰难才想要放弃的，真正的原因在于我的性格缺陷。接下来，就让我来说明我都发现了自己有哪些缺陷：

1. 我将自身的失败归因于事态和所处环境。当时的我完全没有审视自己的内心：**想要事态好转，我们自身首先必须变得更好**。

我们都了解人性，人性习惯于等待，等到事态好转才方便取得成功。但实际上，事态并不会为了我们而不断变换，如果我们太过弱小，不能在生活中把握有利的形势，那么事态就不会好转。要使形势发生转变，首先要改变的是人本身。

2. 我太狂妄自大了。针对所有的事情，我得出了这个答案。正如歌德所说："大多数人都想当大人物，而没有人想成为大人物。"**想要成长，我们就必须准备好当一名学生**。

正如在学校里一样：入学进入一年级，然后才是二年级、三年级……多么睿智的模式。这背后的准则就是：当我们变得更好，我们的游戏也能玩得更大。有的人可能会想：给我一份优异的工作、体面的收入，我就可以过上好生活了。有这种想法就错了。

先来看看一年级。

一年级的学生要先学习完成小任务。同样地，我们应该先学习存储并投资 10000 欧元，然后是 100000 欧元……如果只是希望事态好转，那么我们自身并不会变得更优秀，只有将现状改造成最好的状态，这样才能让我们自身也变得更加优秀。

3. 我对自我产生怀疑，认为自己还不够好。不适合做这份工作。"自己是否能胜任某一项任务"这样的自我拷问，对自身的发展来说，收效甚微。只有当我们对某一项任务付出 110% 的努力时，我们才会变成那个能成功完成这项任务的人。

当我们能胜任某一项任务时，这个任务对我们来说，可能就是大

材小用了，我们也无法再从这一任务中获得成长。

每当我们与别人进行对比时，我们不会注意到自己的长处，反而会对自我产生怀疑。我们必须通过写成功日志，记录自己所有做成功的事情，来系统性地建立起自信。

4. 我总是感到很害怕。恐惧是一种“担心自己预想的结果不会发生，只会发生糟糕的事情”的想法。而我总是花费许多精力，去想那些自己不愿意发生的事情。

我在脑海里无数次重复那些不愿发生的画面，其中一些就成了事实。在这种情况下，我学会了与自我的焦虑和恐惧相处，也更加理解了毅力的重要性。

拿破仑·希尔在他的著作《思考致富》中，描写了如何锻炼毅力。当读到这一点时，我意识到，我根本不可能成为一个有毅力的人。我完全忽略了成功工作方式的本质，我还将失败归咎于所处的环境，而非自身。

拿破仑·希尔说：“**如果我们精准地记录下自己的目标，如果我们增强自信，如果我们有清晰明确的规划，那么毅力是可以锻炼出来的**。”

你知道我想强调的是什么吗？当时我的眼中完全看不到自己的目标，我也不再写成功日志，我所追逐的明确的规划也早就抛之脑后了。

拿破仑·希尔接下来描写的内容是：“与其持续学习和掌握新知识，不如关注好机会。”

我左看看，右看看，感觉很泄气。一个泄气的人只会看到自己不会的和不喜欢的东西，并不会全力以赴去获得成功。

毅力的另一个重要基石就是与志同道合的人同行，这些人被我称为“雄鹰”“有责任感的人”和“烈火中的岩石”。

对他们来说，放弃绝非一个可选项；当别人讲述另一条道路的优点时，他们从不听取。他们坚持的时间比我们更长。

那么，我做了什么？在我听见鸭子的嘎嘎声时，我意识到了它们跟我的相似性，我们都在表达自己的不满。我内心把问题归咎于我的教练，认为他不够关心我。

更有意义的做法是，我应该主动去接触那些能够帮助我的人，能够辅助我的成功人士。

养成毅力的另一个要素，是习惯。拿破仑·希尔写道：“**毅力终究也只是习惯问题**。”

我称工作中的习惯为 TAM[①]，即我们的工作方式、工作策略。但我没有遵循这一工作方式，我中断了这种高效工作的策略。

我反而将精力浪费在思考“中断这一工作方式”或是“无数其他可能使我更快乐的工作方式”上。当然，我还是坚持工作，在“业余时间”继续寻找其他机会。

然而，这并非事实。事实就是，我没能 100% 投入工作之中，我已经好久没有对工作全力以赴过了。当我内心一直想着另外的工作，我又怎么可能做好现在的工作？我怎么才能装作心无旁骛的样子？我怎么可能认为别人没有发现？

在这种情况下，我根本无法做出优异的成绩。实际上，我的成绩

① 即 Tägliche Arbeitsmethodik，日常工作方法。

简直惨不忍睹，这时，我螺旋下行的工作状态就更加明显了：我做得越少，我的处境就越艰难；我的处境越艰难，我就越是从自身以外的客观环境去寻找原因。

实际上，一切事情的主因都在我自己身上。毅力来源于意志力，我已经失去了这种意志，我不再继续向着目标前进，不再继续建立自信，不再持续关注自身规划和日常工作方式，不再集中精力工作，反而一直在寻找其他机会，并且不断受到他人的怂恿和影响。

请注意观察那些你想要放弃的时刻，也请注意观察身边那些想要放弃的朋友，这样一来，你会更加确定，造成这些结果的原因在于我们自身。

通常情况下，这就是各种问题的集合体：缺少明确的目标，没有遵循清晰的工作方法，拖延症，懒惰，漫不经心，倾向于将过错归咎于别人，寻找借口……

这些问题通常是因为动力不足。换句话说，就是长时间没有阅读好书，没有收听语音节目，没有参加课程，与成功人士交流过少。

于是，我们就想要放弃，还会给自己编造出许多理由，在一定程度上以这些理由来支持自己“放弃”这一决定。这对我们来说，看似一个保护机制，实际上是自我欺骗，自我麻痹。

我们如何训练毅力

请允许我先强调一下，毅力并不是与生俱来的！

将毅力看作神话的人，其实是为了让自己更轻松。有一句谚语说：“反正我没有毅力，所以我就是什么事情都做不了。”

我的回答是：“当然能做，你还可以做很多事情！毅力是可以磨炼的。”

想要磨炼毅力，就必须锻炼毅力的各个组成部分。

毅力有三个主要组成部分，分别是承担责任、建立自信和确立动机。

毅力的三大基石是：

1. 理解：我必须去做，这是我自身的责任。

2. 我可以做到，我有自信。

3. 我知道我为什么必须去做。我清楚自己的目标和动机。

简言之，毅力由三大基石组成：**承担责任、建立自信和明确我们做某件事情的动机**。

如有需要，你可以收听我的音频节目“成功思维”，我在节目里面详细地解释了这三大基石。

你想成为一个有毅力的人，必须优化自己的动机。**动机由目标和自信两部分组成**。我的建议是，当你想放弃的时候，就快速为你当前所做的事情设立新的目标。

同样需要提升的还有**你的自我价值感，自我价值感可以通过写成功日志的方式来进行提升**；多与成功人士沟通，为自己做一个“脱离低谷”的计划；将自己与所有消极的、令人沮丧的影响隔离开来。

请告诉你自己：放弃就是责任原则的对立面。承担责任的人很清楚，问题从来不在于自身所处的环境。我们所处的环境和事态，对事物的发展仅仅是刺激作用，如何应对这些刺激的决定权，在于我们自身。

当我们想到放弃时，我们应该先去学习“责任意识”的课程。这时，许多被我们自身歪曲的感知，那些自认为正确的东西就显得不成熟、没价值，甚至滑稽了。我们自己发现的，总是要比别人告诉我们的更易于让人接受（可以参考我的音频节目“成功思维”）。

除此之外，我们还应该清楚自己的人生目标是什么，将其记录下来，同时也记录下自己想要达成这些目标的原因。

“今天放弃的人，永远不会知道他是否明天能取得成功。”

动　量

你知道在面对放弃的诱惑时如何更好地保护自己吗？答案就是：建立并保持动量。在我们建立动量之后，问题的出现就无法对我们形成严重的阻碍。当我们全力以赴时，问题和未知的情况就无法对我们造成大型的伤害。

“动量”究竟是什么呢？我们以一列行驶中的火车来对其进行简单形象的理解。

在这里，我会引用我的著作《赢家法则》第十章中的内容。

你是否尝试过阻止一辆在铁轨上以时速200千米行驶的火车？即使你在它面前筑起一面厚厚的城墙，它还是会毫不费力地穿墙而过。原因就在于：火车拥有动量。火车在运动中，它具有驱动力，它保持前行。

火车头具备上千的马力，它强大到足以带动整列火车。如果火车头静止不动，就可以阻止火车的前行。如果你在某个车轮的前方插入一个固定销，火车头就没法向前运行了。这时再怎么努力让火车前行，都是在白费力气。

在没有动量的情况下，一个小小的物体就足以使整个计划落空；在有动量的情况下，一切就好像自然发生的一样，障碍也不再是问题。

旧习惯很难打破。一项自己不熟悉的新任务，通常本身就已经是很大的问题了。在这种情况下，几乎任何一个小问题都可能阻止你继续下去。请立刻为你自己建立动量，越早越好。你永远不可能将所有的障碍和不利环境从自己前行的道路中扫除，人生永远不可能存在完全一帆风顺的时期。

一旦建立动量，问题的出现就再也无法对我们形成严重的阻碍。应对问题和困难的最佳方式，就是建立动量。当我们全力以赴时，问题和未知的情况就无法对我们造成大型的伤害。

实际上，你在自身业务和职业生涯中投入的所有时间，都在帮助你建立动量，你所做的所有事情，不是在缩小就是在扩大你的动量。

尤其在初始阶段，应该尽可能快地发展自己的动量。就好比你想推动一辆静止不动的汽车，最初的移动才是最艰难的，你需要使出全身的力量。但当车轮滚动起来，你推动汽车所需的力量就明显小得多了。

然而，我们总是难以建立起自己的动量，因为我们常常陷入以下 4 种思维陷阱。

1. 我会尝试一下。

2. 我先投入一半的力气好了。

3. 我的工作方式是以结果为导向的。

4. 我首先要找到正确的策略。

接下来，你将会看到，为何这四种想法会阻碍你获得成功以及建立动量。

不存在的尝试一说

尝试去推一推汽车，这是不可能的。你要么就用尽全力去推动汽车，要么就让它保持现状。去尝试某件事情原本就不可能。对于一件事，要么去做，要么压根儿就不要碰。

当你读到这一段文字，并且你四肢健全，那么你可以站起来。**根本不存在尝试站起来这种说法，你要么站起来，要么继续坐着**。

大多数说自己尝试某件事情的人，通常都不会去做这件事情。就好像他们是在等待出现一个问题，来阻碍他们的计划。真正做某件事情的人，期待的是成功，而尝试做某件事情的人，等待的仅仅是事情的反转。

一半的力气还不够

“静止的汽车”这个例子还解释了更多内容：如果你只用一点儿力气，那么车轮都不会滚动起来，你也不会知道，当车轮滚动起来之后，这项任务相对就会容易一些，你几乎都不用移动自己的站位，或者你只需要移动一点点。一半的努力并不会带来一半的成功，一半的努力什么都无法带给你。

以成果为导向的工作会阻碍动量的建立

在任务初期就全力以赴，这非常好，不过不能期望过高，这个阶段还不是获得成果的重要阶段。成果具有欺骗性，它可能是积极环境导致的结果，也可能是消极环境导致的结果。动量的效力绝不亚于这些环境，动量总是会带来结果。因此你的关注点应该更多地投到动量身上，而非每一次的小成果。

一个将关注点放在小成果而非动量上的人，永远都找不到正确的成功途径。以成果为导向的工作方式，可能导致一个问题：一个人会无所事事地等待着，直到他发现一种以舒服的方式来实现成果的途径。这便是许多懒人的借口：“我是一个以成果为导向的人。”那些只追逐成果、自认为天才的人，其实根本就没有理解动量的效力有多大。一旦具备动量，正确的方法和途径就会显现出来，而不具备动量的普通人根本就看不见这些方法和途径。动量带来的成果是无法预料的，因此也是无法提前计划的。这时，动量就成了自我启动器。

另一条反驳“以成果为导向的工作方式”的论据是，以成果为导向的人必须一再激发自己的积极性。他们从来都不知道“这样的成果就好像是顺其自然发生的一样”是什么感觉，他们问自己“为什么有的人能够毫不费力地做到自律，而我却要费尽心力”。答案是：这些人身上所谓的天才因子正是他们前进的最大阻碍，他们亲手剥夺了自己持续保持积极性的机会。

成果是从“运动”中自然产生的结果。因此“运动”非常重要。

一旦进入正确的运行轨道，继续前行比立刻停下更加容易。动量使你保持前行。

不要等待完美的策略

我们不需要完美的策略来开启某个项目。毫无疑问，完美的策略具有优势，但并非绝对的先决条件。许多当今的成功企业，在找到盈利策略之前，都尝试过许多其他的策略。假如已经有一个经得起考验的策略，那么你就应该坚持，也不需要去进行不必要的尝试再做创新。但如果还没有找到策略，那么你应该相信：建立起足够的动量之后，你一定能找到正确的策略。

在自己身上试验一下对别人有效的方法，借此可以找出什么方式最适合你自己。成功者不会袖手旁观地等待完美的策略，因为他们知道：这样的策略首先是来自动量。

你想在哪方面发展动量

但是，请注意：动量是一种有潜在危险的现象，它可以为我们所用，也可以反其道而行。有人将动量建立在埋怨和牢骚中，有人建立在偷吃东西中，有人建立在过度消费中……假设有人开始进行“高强度的自律”——每天吃一板巧克力，几周后，他便建立起了“巧克力爱好者”的动量，当他发现自己无法停止对巧克力的贪婪时，这也就不足为奇了。

因此，我们应该时不时地严格监督自己是否在养成有害的习惯。我们应该问自己想拥有什么习惯，然后才制订行动计划。

动量始于自律

为了给予动量必要的稳定性，就必须锻炼一块重要的精神肌肉——自律。如果你想在某项任务中获得成功，就必须先打下基础。要打下基础，你需要自律。练习得越多，效果就越好；效果越好，你获得的结果就更振奋人心；结果越振奋人心，你的动力就越足；动力越足，你工作就越努力，获得的动量也就越多……依此类推。但是，你要先打下自律的基础。

在许多人的“个人喜爱度排名”中，自律介于牙医和腹泻之间。但是，我们需要自律来帮助我们驶入正确的人生轨道。在动量产生之前，要做的选择非常简单：短期的享受还是长期的回报？

好消息是：与坏习惯的“抗争”并非永久的，大量的自律行为仅仅是针对短期的过渡阶段，到你建立起新的习惯便可以结束了。你能坚持3~6周的自律行为，养成新的习惯，有多难做到呢？在你做到之后，你便拥有了动量，也就是说，你现在去做这件事情，反而比你不做要更轻松，这件你最初需要钢铁般的自律才能做到的事情，现在已经变成了一种享受。

然而，有没有可能一个人在多年后打破了自己的好习惯呢？上述说法并非完全正确，因为我们实际上总是需要不断地给自己注入一点儿自律——至少需要时不时去做一下，即使我们已经加满动量。

自律分三个阶段。想象一下，你讨厌跑步，但是打算开始每天跑步。

第一阶段是起步阶段，大约持续 3~6 周。这一时期通常需要持续地对抗自身惰性，艰难地开始跑步。

第二阶段：你已经建立起动量，早晨自然而然地就会穿上跑鞋，但并非每天都能做到，1 周中能做到 5 天吧，另外 2 天还需要你的自律，但远远不需要你在第一阶段时那么多的自律了。一旦你开始跑步，你就感觉很享受，这样的感觉是你在起步阶段中不会经历的。

第三阶段大约在 1 年后才开始，在这一阶段你会每天自动穿上跑鞋，你甚至每天早晨带着对跑步的期待醒来，你每一天，每一个月都能做到……直到只有偶尔一两天你还需要一点儿自律才能开始跑步。这一阶段会持续一生。我们很少再需要投入自律，基本上仅仅靠动量就能将这一好习惯维持下去了。

一旦事情进入正轨

在真正建立起动量之后，你只需要保持它就好了。这时你偶尔需要一点儿自律。成熟的动量给予你的力量，远比你投在它身上的多得多。

一家大型企业投入了几百万美元做广告宣传，宣传非常成功，销量也随之快速攀升。尽管如此，企业方也并没有中断广告投入。观察家间企业的首席执行官为何不停止巨额的广告投入，反正都已经超过销售目标了。

首席执行官回答道：“假如你是一名飞行员，要让飞机飞到空中，需要投入大量的能量，一段时间之后，飞机进入平稳飞行的阶段，你会在这时关掉引擎吗？”

动量就好比是我们口中所说的“滚雪球”。你需要时间和精力来堆出一个雪球，将其放置在你想要运行的轨道上，让它平稳地顺着山坡滚落下去。一旦雪球开始滚动起来，它便不会停止，还会越滚越大，它会毫不费力地碾压沿途一切阻碍它前行的物体。

成功者全力以赴，去建立动量。开始一次有意义的行动往往需要投入大量的时间和精力，不过，一旦事情进入正轨，就没有任何事、任何人可以使之停止，除了你自己。

放弃的对立面是动量。

图为弗拉基米尔·克里琴科和维塔利·克里琴科

“我不会问这件事是否有可能成功，我只会说我们着手做这件事情吧。”

宏观和微观

放弃对于一个人而言，可大可小。我的教练对我说过：“人生不是一次长跑。人生是由许许多多的连续短跑拼接而成的。”

有一些人，他们从来没有换过工作，但还是一次次地放弃。每天面对自己的工作和目标的时候，他们几乎都是如此，不断地打破决心，也不履行任何计划。

这种行为也是放弃的一种形式。这样的人，如同行尸走肉，虽然每天仍在工作，但从来没有真正地生活。他们虽然身在其位，仍在不断地放弃。并且，他们一再如此。

重要的一点在于，我们要明白：只有坚持到底，每天尽自己的全力，才能构建相应的动量。坚持，不仅体现在宏观的方面，也体现在很多微观之处。比如，坚持我们每天的习惯、每天的工作方法等。

最后的助力

最后，还有一个重要的助力，可以帮助我们学会坚持。这里说的是一种看待生活的方式。据我观察，赢家几乎都怀有纯粹的信念。比如说，他们相信生活有其自身行进方式，一切事物都有其存在的意义。这些意义通常不会立刻显现出来，而需要我们慢慢地去探索。

我认为，一个人为什么恰好身处这个位置，为什么偏偏选择了这项任务、这项工作，一切都是冥冥之中自有天意。这份意义或许一开始不会在我们身上显露出来，但是并不代表它不存在。很多时候只是因为我们缺乏远见。

随着时间的推移，我们就能看清这根贯穿我们人生的红线、我们人生的引领。有人会问：书中学到的这些内容，究竟什么时候才起作用？从什么时候起，不该选择放弃？当然，对于过去，我们已经无法改变，我们能做的是立足当下，不要沉浸在过去的悲伤中。

正如之前所说，我那时候正是怀揣了一份纯粹的信念。也许你刚好读到这一段文字，这也正是天意的安排。你现在或许正如同当初的我那样，对坚持这个主题，从来没有过如此深刻的思考。但是，你现在知道了。因此，你就从现在起：坚持不懈。这份改变终究会显现出意义！

有些人可能会嘲笑这样的想法太过天真。但除此以外，还能怎么想呢？你相信有幸运之神或者霉运之神，它们毫无意义地随机降临在某个人身上吗？**一个人不是固执地把自己看作牺牲者，而是思考事物背后的指引或者其原理，那么，他就能拥有更平和的心态**。

对于这一基本观点，我们可以有意识地思考：我们并不是宇宙的中心，没有谁可以让其他人围着自己转。我们所有的愿望，不管是你的，还是我的，所有的担忧或者坎坷，在宇宙的时间长河中，都不过是一粒小小的尘埃。

我们一旦具备了这样的意识，就不会觉得自己微不足道，而是会更加从容，更加洒脱。生活就像一场游戏，其间历经的错误和问题，在生活的游戏中，都是那么微不足道。

看起来自相矛盾的道理，实际上却是表面显得荒谬而深层蕴含真理的悖论。我们可以将生活看作一场游戏，但仍然可以去寻找生活的意义。这样一来，我们一方面就获得了一定的轻松感和适度的距离感，这有助于我们在遇到某些情况时不会过于认真。另一方面，追寻意义的信念可以传递出深厚的信任感。对意义和深层原理的追寻可以避免草率和半途而废。严肃的态度和游戏般的距离感，二者相互补充，缺一不可。

一个人若是以游戏的态度对待生活，同时又不忘追寻生活的真理，那么他肯定不会选择放弃。

如果你决定不放弃，而是选择坚持，那么我要好好地祝贺你。你愿意为了自己想要成为的样子而努力。当然，现在的你尚未到达终点，而是站在起点上。但是，你的周围有很多给予你帮助的朋友。

准确地说，从古代的赢家开始，在避免放弃这一问题上，可以使用的帮助没有多大变化。

借助这些帮助，你将会成长得日益强大和坚韧。

毅力也是一项可以建立的动量。**坚持也是一种可以不断培养的习惯。**

最后，我想送你一份祝福，也许你在《星球大战》中听到过：“愿原力与你同在。”我认为，这里说的原力是一种看不见的力量，但它围绕在我们身边，并且构成了我们每一个人。因为我们终究是由能量和信息组成的。

只不过问题在于：原力什么时候才能用上？在什么时候，以何种方式，才能召唤原力出现？

我认为，答案不言而喻：只要我们永不放弃，坚持不懈，那我们便所向披靡。

接下来将会发生一连串不可思议的事情。**一个人只要不放弃，那么，他总能实现自己的目标。因为，当我们不断成长，曾经面临的问题都渺小得不值一提。**

坚持，坚持，坚持！绝不放弃！如此，没有什么问题可以阻挡你，你将能成长成自己期待的样子。坚持的力量，会与你同在！

◆关于坚持的 30 条金句◆

1. 人生中，没有什么比坚持更为重要。毅力比任何其他成功秘诀都更关键。

2. 我知道，如果我选择放弃，那么绝不可能胜利。如果我选择坚持，将会战无不胜。

3. 如果我在放弃的边缘徘徊，我会直接承认这一点。我会直言自己产生了放弃的想法，而不是在孩子面前美化这一行为。

4. 我知道，每个人都会在某个时刻产生放弃的想法。光凭这一点并不能说明你无法获得成功。

5. 和大家一样，我在每一项工作中都会历经四个阶段。因为我了解这些阶段进程和其中潜在的危险，所以我可以从中坚持下来。我知道第二阶段中会经历失望，第三阶段中会出现高估自己和情绪波动的风险。但我依旧会达到第四阶段，实现自己的目标。

6. 没有压力就没有动力。所以我非常期待具有挑战性的任务和难题。

7. 有时候被轻易称作“问题”的事情，实际上只是通往目的地途中的一项任务。

8. 如同植物一样，我的成长也离不开阳光和雨露。成功使我更富有，失败让我成长得更强大。

9. 一旦我达到了第四阶段，失败就不再是我人生中的一个选项。

10. 我知道，做任何事情我们都必须付出相应的代价。成功的代价则是坚持。我已经做好准备，付出这份代价。

11. 当然，我的道路上总会出现风雨；当然，我也会不时恐惧和忧虑。这些可以说是每一段成功道路所属的基因密码中的一部分。但我知道，这些时期便是自己人生中重要的节点。

12. 我深知：每当夜晚最黑暗的时刻降临，也就意味着即将迎来曙光。我想要体验接下来的日子，因此我必须坚持住。

13. 我如果放弃，就无法成为自己能够成为的人。我也没有能力帮助他人变强。我如果想以自己为傲，那么就不可以选择放弃。

14. 坚持的代价很高，但是获得的回报更为丰厚。我决定要像成功人士一样生活。因此，除了坚持，别无他法。

15. 每当我经受挫折，我个人的感知就会出现扭曲。这个时候我最好不要让自己胡思乱想，而是更加努力工作。一旦我走出情绪低谷，就能真正地通观全局，看清前方。想想猫鼬的故事——每一项工作都有它的四季。只有在寒冬季节，我会想要放弃。我知道，夏天终将到来，一切都会好起来的。冬季越是严寒，我就将变得越发强大，到了夏季，我的收获也将越丰盛。

16. 每个人都有固定的学习任务。如果我临阵脱逃，它们始终会再次出现在我面前。在实现任何成功之前，我必须先学会坚持。

17. 持续不断地拓展一件事情的深度，比起一味逃避去另寻他路，我的人生会更加精彩刺激。只有在深入问题的过程中，我才能获得真正的人格。

18. 我如果放弃了，便可以逃离眼前的一切。逃避有时候看上去很有用。但这样一来，我绝不能达到目标。

19. 当我选择放弃，我不只是在逃避痛苦，还同时失去了获得快乐的机会。我要坚持，让自己有机会成为自己心目中期望的样子。没有什么比这一点更让我满足。

20. 我知道，没有人最终是因为某种情势才想要放弃的，而是因为三种性格缺陷。

1）没有责任心：将自身的失败归因于所处的环境。

2）自傲自大：不愿学习。自负背后的原因在于自我怀疑和极度不自信。

3）无法掌控的恐惧心理：花费太多精力去思考自己不愿发生的事情。

21. 只要我还在和这三种性格缺陷（缺乏责任心，极度不自信导致的自负，恐惧心理）做斗争，那么，我就总会试图想要放弃。

22. 我可以磨炼毅力——通过如同钢铁般的坚持。我可以学会坚持，通过将责任感内化于心，不间断地学习和成长，建立自信心，学会处理自己的恐惧和担忧情绪。

23. 当我试图停下时，我会避开“鸭子”这一群体。“鸭子”这类人，总会掠夺我的士气。我会尽可能让自己周围都是“雄鹰”一般的人。“雄鹰”这个群体，放弃从来不在他们的考虑范围。“雄鹰”会给予我坚持的勇气。

24. 自己每天的毅力归根结底在于日常工作方法，有效的工作方式会带来最优异的成绩。

25. 我之所以想要放弃，是因为我早已为自己这一行为找好了借口。

26. 这一点并不通用，是我个人不好的日常工作方法。要想锻炼毅力，就必须锻炼组成毅力的三个部分：

1）承担责任；

2）建立自信；

3）给自己设定值得追求的目标和必须实现的理由。（谁若是不具有足够的理由，迟早会被害怕吓跑。）

也就是，必须认识到：

1）我必须去做；

2）我可以做到；

3）我知道我去做的理由。

27. 当我想到放弃时，我应该先去学习“责任意识”的相关课程。

因为我知道：

1）放弃和责任原则是相互对立的；

2）通过定期写成功日志的方式来提升自信；

3）更多地专注于自己人生中必须实现的目标。笃定的目标能够驱散恐惧。

28. 习惯能够让我抵御放弃的念头。每当我建立起动量，放弃对于我而言，就失去了意义。放弃是静止的，而动量处于不断的运动中。因此，放弃的对立面是动量。

29. 我知道，放弃者只能达到坚持者脚跟的高度。

30. 赢家绝不放弃。绝不，绝不，绝不！

“你说：这行不通……”
“我认为：至今为止你就只尝试过‘行不通’这一种方式。”

图为博多·舍费尔与教皇约翰·保罗二世

CHAPTER II

第二部分

这样应对恐惧和忧虑

我们这样应对恐惧和忧虑

即使做到坚持不懈，生活也并不会自动好转。当我们决定走一条特定的生活道路，也并不意味着我们遇到的问题就会减少。恰恰相反，有时我们遇到的问题反而比原先还多得多。

这时，许多人就开始忧虑，并衍生出恐惧感。这样的情况会发生在我们的财务计划、健康问题、独立生活和新公司的建立中。

我们也以这样的态度来对待人生道路上的许多重要变化，比如有了新的伴侣、新的工作，也包括资金分配和看似风险重重的投资。

忧虑使你停滞不前，忧虑可以破坏你的一切计划。你拥有引发“墨菲定律”的力量。如果有人说“我遇到问题了”，他说的问题就有可能真的发生。但忧虑并非与生俱来的，忧虑是自己给自己添的烦恼。

你听过“我有点儿担心”这句话吗？

这时，我最喜欢回答：“那就干脆不要担心。”

当然没有这么简单，我们都清楚这一点。但是，我们可以决定自己是否为某些问题忧虑，因为忧虑的发起者是我们自己，而非环境。肯定存在困难的环境因素，但杞人忧天对你绝对没有帮助。

忧虑指的是，在担心今天的任务和挑战之外，还担心明天的问题和困难。忧虑耗费精力，却于事无补。

我们每天的精力是有限的。我们在忧虑某件事情时，其实就是没有必要地损耗了许多精力，事情也没有得到进展。忧虑会排空我们的油箱，排空我们的能量储存器，在我们还没有做成某件事情的时候，在我们还没有运转起来，或是在我们还没有使某件事情运转起来的时候。

我不知道你们是如何看待我的，也许把我看作一名优秀的金钱教练。那么我很开心，因为我确实是。不过，根据经验，我知道很多人对我有失真的印象，他们将我的形象夸大了很多。

但是，请你相信我：我是一个非常普通的人，我有几个优点，但也有几个弱点。

26 岁时，我时常因为各种事情而忧虑。因为恐惧，我经常一动不动地坐在沙发上。在刚开始的两年里，我也好多次想放弃跟我的教练的合作。我感觉自己是在过分苛求，我太差了，我觉得我永远也不可能实现“它”。我的恐惧通常比我本身还要强大。

如果我当时放弃了，那么我的恐惧和忧虑就胜利了。我还从来不知道，我体内蕴含着多大的能力。我为什么能够在几年时间内实现了财务自由？因为我学会了如何与我的恐惧和忧虑相处。我为自己制作了一张有实际意义的清单，名为“与恐惧和忧虑相处”。现在，我将清单上的建议和方法传递给你。

是的，我掌控了我的恐惧。这就意味着恐惧完全从我的生活中消失了吗？并没有。恐惧和忧虑不时以不同的形态出现在我面前（比如，疾病带来的恐惧与财务问题带来的恐惧就完全不一样……），那么，我是怎么做的？我会拿出这张清单。

我想表达的是：清单上的方法并不能消除恐惧和忧虑，却可以帮助你我克服各种各样的恐惧，从而达成目标。

勇气指的不是丝毫不害怕，勇气指的是尽管害怕，仍然保持前行。

接下来，你将看到这张以“第一人称”来书写的清单，一张充满实践意义和思考意义的，能帮助你与恐惧和忧虑相处的清单。我会逐条解析清单内容，之后总结为简短的句子。

每当感到忧虑和恐惧时，你首先该做的就是拿出这张清单，逐条阅读所有内容，最好是大声读出来，需要的时间最多也不会超过10分钟。

也许在读到前几行时，你会说：“这些我早都知道啦，对我也不会有什么帮助。这一次也不会有帮助，因为我现在遇到的问题、我的处境都不一样了。”请你千万不要踏入这个思维陷阱，再给这些方法一次机会，也再给你自己一次机会。

我向你保证，如果这个清单的开头几条违背了你的认知，但你还是坚持阅读下去，并且最终读完的话，你一定会收获颇丰。

你会意识到，将精力集中在问题上是没有意义的，精力应该用在寻找解决方法上。你也会知道“真正应该忧虑的事情”。你还会想到无数种掌控恐惧感的方法。

警告：如果你在阅读这部分内容时感觉身体不适，那么本书可能并不适合你。就好比一块肌肉：如果肌肉健康，那么它需要承担重量去增长，去变强；但如果肌肉已经损伤，那么它需要的是关爱和休息。本书的目的是让你更强大，帮助你成长。但这只适用于健康的肌肉。本书绝非心理损伤治疗或心理疾病治疗的替代品。

图为博多·舍费尔与安东尼·罗宾斯

“去担忧那些我们能力范围之外的事情毫无意义。”

与恐惧和忧虑相处

1. 我马上阅读这份具有实践意义的清单，从头到尾读完，然后立即将最适合我的那条内容付诸实践。

2. 我知道，到今天为止，我所开展的所有事情都进展不错。下一个任务我也能成功完成。

同样地，不管你面临多大的问题，也不管你有哪些担忧，你也应该保有感激，同时回头看看：你都实现了什么？你都拥有了什么？

仔细环顾一圈你的家。你应当学习什么东西？你应当结识什么人？哪些人算是你的朋友？……你实现了很多，你也成功做到了很多。这一切没有理由在未来会改变。这里也就涉及了下一条内容。

3. 扪心自问：我过去的恐惧最终怎么样啦？它们中有多少真的发生啦？

答案是：实践研究表明，至少 96% 的忧虑都不会成真。也就是说，这些坏的事情和结果仅仅发生在我们的大脑里。

这也会耗费巨大的精力，削弱我们的行动力，占用我们的时间，使我们感到痛苦，使我们的思维极度活跃，但并没有使任何事物运转起来。

我们应该清楚：那些我们总是忧虑的事情，那些不断干扰我们的烦恼，需要我们耗费巨大的精力却并不会成真，不会成真的可能性还非常大。

那么，过去那些成为现实的恐惧又怎样了呢？你我难道没能掌控它们中的大部分吗？那些我们没有立刻解决掉的事情，我们不是也从中总结了许多经验，并因为这些重要教训而改变了自己的个性吗？

我们应该记住：我们在过去的经历中有过的恐惧基本都没有成真；即便成真了，我们也几乎克服了所有麻烦。就算是非常棘手的问题，我们也从中学到了许多。那又有什么好害怕的呢？

4. 我尽可能快速地做出决定。我从不说我“可能”或我“必须”要做某件事情，我只会决定这件事情我做还是不做。

做出决定之后，我们还要坚持这个决定。但如果这个决定是错误的呢？答案你也许已经清楚了：在我看来，根本不存在错误的决定。

一个决定对我们来说是否有帮助，通常只是一个预见性的问题。一般来说，在我们做决定时，我们还不能准确预测出这个决定对我们的影响。

但是，我们无论如何都避免不了“做决定”。忧虑和恐惧将我们禁锢起来，使我们停滞不前，无能为力，无法做任何事情。

我们为什么会停滞不前？恐惧使我们产生一种无助感和软弱感。软弱无助的人是做不了任何事情的，也缺乏动机。我们必须清楚自己并不是一个软弱无助的人。

要脱离“停滞不前”，回归正轨，就需要行动起来。在行动之前，还需要主动做出决定：现在我要着手做这件事情了。

这时，我们便开始了一场“做出决定，着手做事，但事情的发展最终可能不尽如人意”的冒险，不过，这通常只是一个预见性的问题，我们常常在短时间内无法预测出事情的走向。

然而，就算存在事情走向不尽如人意的风险，这样的风险也远比你什么都不做而带来的风险要小得多。什么都不做的人，只是一个软弱无助的、被自身忧虑和恐惧禁锢的囚徒。通往自由的道路，总是要先通过“着手行动”。

5. 在我还无法改变任何事时，或已经无法再改变任何事时，我从不忧虑。

我们不应该反复琢磨已经过去的事情，我们无法改变它们，只能一方面去接受它们，另一方面给它们贴上一个新的标签。

我想表达的是：你如果已经有过此类经历，那么在记忆库中将其置于一个有正面积极意义的标签之下，就非常有必要了。与其召唤出负面消极的情感，不如贴上一个“此类经历能带来有用的经验教训”的标签。

即使发生了一些糟糕的事情，我们还是能从中学到许多积极正面的东西。

同样重要的一点是，永远不要为自己无法改变的事情而忧虑。这也纯粹只是在浪费精力。就好比是发动机在空转，油箱里的油很快就会跑光。那些我们担心会发生的后果，也仅仅发生在我们的大脑里。

去忧虑那些我们力所不能及的事情是完全没有意义的。

请你告诉自己：即使这样或那样的坏事真的发生了，我也能获得一个好处，那就是避免以后再犯同样的错误。我可以做到，因为我在过去经历过一次了。

另外，如果我所忧虑的事情真的发生了，那我也应该接受它们，因为实际上它们并没有那么糟糕。

罗伯特·伯德特（Robert Burdette）说过："基本上我只有两天时间没有烦恼和忧愁，一天是昨天，一天是明天。"

被忧虑烦扰的人，最终也会惧怕再次振作起来。因为站立的人可能会再次跌倒，尤其是他行走，奔跑，或急速前行时。

这样看来，有一点似乎更加确定了：我们应该与自己的忧虑和平相处。这绝对不会让你感觉无聊，因为你头脑中的忧虑已经足够扣人心弦了。忧虑使人无暇顾及其他，忧虑使平庸的生活变得紧张刺激。

然而，这一切并不会发生。忧虑妨碍我们去成就更好的自己，因此我们不应该允许忧虑去干扰我们的生活。

忧虑是一种狡猾的把戏，会阻碍你的许多行动。"忧虑"好像比"积极健康地生活"更容易一些，但"忧虑"绝不会给人满足感。

我的教练建议我问问自己："在我只顾着忧虑的时间段里，我到底错过了哪些东西？"

马丁·路德曾经说过："我不能阻止鸟儿从我头顶飞过，但我可以阻止鸟儿在我头顶筑巢。"我们无法将忧虑和恐惧从生活中驱逐出去，但我们可以带着自身的忧虑和恐惧，在这些建议的帮助下去实现自己的目标。对抗忧虑最好的手段，就是行动起来。

你知道为什么我在讲这部分内容时，经常引用马丁·路德的话吗？因为他生命中的大部分时间里都遭受了恐惧和抑郁的折磨。尽管如此，他还是没有放弃，坚持完成了自己的任务。

我们的潜意识

但是，我怎么才能做到不忧虑呢？忧虑并不是能简单开启或者关闭的东西。忧虑究竟是什么？忧虑是一种“我不想某件事情发生”的态度。恐惧也是如此。

当然，我们不能将忧虑和恐惧从生活中排挤出去，我们的潜意识也做不到这一点。在我们挤压某一个物体时，它会以同样的力甚至更强的力反弹回来。我们都有过这样的经历：因为失眠感觉很生气，因为生气更加睡不着。我们对某件事物施加的力越大，它反弹得也越厉害。

“挤压”这样的行为是错误的。那什么才是正确的呢？我们的潜意识是这样工作的：每一次只能构造出一个画面，如果我们的思维是积极正面的，那么脑子里就没有容量再用于消极负面的思维。同样的方式适用于任何一种形式的行动。当我们集中精力、小心谨慎地去做一件事情，我们也就没法再忧虑了。

虽然我们的思维会随意跳跃，从行动到忧虑，再到行动，再到忧虑……但如果我们在行动中精力越集中，我们的思维停留在行动上的时间就越长，我们忧虑的时间也就越少。

下面的故事更加直观地说明了这一点。

一个孩子在森林里散步，走到了一所位于林间空地的房子前。

房子两侧各有一个花园，两个花园里各有一名园丁。两个花园天差地别。

一个花园是杂草丛生，园丁性格非常暴躁，他骂骂咧咧地除着草。

另一个花园却是一番和谐的景象。花开满园，一片美好的自然气息。园丁好似毫不费力就做好了一切事情。他靠在一棵树干上，非常享受地吹着口哨。

孩子决定去拜访那位轻松愉快的园丁。

他问园丁，为什么旁边花园的园丁一直不停地工作，也没有打理好花园，而他能毫不费力地打理好花园。

“你知道吗，”园丁轻松愉快地回答道，“我曾经一度跟我的同事一样。我拔掉了杂草，却认为我永远都无法战胜杂草。它们的根茎还在地底，它们的种子还会破土而出，它们会不断地卷土重来。我刚除完花园这边的草，又得从另一边开始除草。之后，我想出了一个新的策略。我找了一些比杂草长得更快的鲜花和植物，它们很快就完全压制住了杂草，鲜花存在的地方便没有杂草。于是，我的花园自己就保持了整洁。”

这时候，天黑了下来，孩子跟着园丁进了房子。

园丁突然关掉了电灯，屋子里一片漆黑。他问孩子：“你能够逃离黑暗吗？”他打开灯，继续说道，“战胜黑暗的唯一方法，就是用灯光去照亮它，因为你没法除掉黑暗，或是与黑暗对抗。”

同样，与恐惧相抗衡，是没什么效果的，对抗恐惧真正有效的方法是感激。当你对未来感到十分恐惧，并且怀疑自己是否能完成所有任务，怀疑一切是否会顺利进行时，建议你做一个非常简单的练习：写下5件让你感激的事情。

恐惧就犹如黑暗，我们无法逃离它，或是除掉它，但是，我们可以像灯光照亮黑暗一样，用感激的光去“覆盖”恐惧的暗。

第二天早晨，孩子打算继续往前走，这时，他看到了第三个花园。

他问园丁这个花园又是什么情况。园丁回答：“这个花园的主人是一位伟大的医生，花园里生长的是有毒的植物，他从这些有毒的植物中提炼出了药剂。”

请从你所处的有毒环境中提炼出药剂，从你的环境中受到鼓舞，不要期望更轻松的环境，你应该期望的是更高的能力。**不要期望你的问题会自行消失，你应该期望自己拥有解决问题的能力**。压力也可以有好的方面，有压力，你的潜力才能得以发挥。现在你必须成为一个积极主动、有创造力的人，你必须在行动中兼具创造性。

压力对你来说，可以是毒药，也可以是良药，这取决于你自己。你自己是怎么看的？你是行家吗？行家是即使自身不在状态，也能做出最好的成绩。更确切地说，每个人都能操控成功，但是，要操控失败的话，就涉及很多方面了。

6. 为什么我不能再多完成一天的任务，然后再多完成一天的？因

为我知道，我可以胜任一天的任务，就能完成每天的任务。因此，我将自己的生活分成了紧凑的时间方块。

也许你知道那位从纽约去迈阿密的祖母的故事。她是步行前往的！到达迈阿密之后，有人问她是怎么做到的。她回答："我总是只前进一步，这并不难，之后再前进一步。"

这不就是生活的秘密吗？当我们面对一项任务，设想自己能否在未来 5 年、7 年或者 10 年完成，这难道不会让人泄气吗？但如果将精力放在今天，那就是有可能的，今天的任务是有可能完成的。

我觉得自然界总是以一种十分智慧的方式在运行：自然总是给予我们足够的力量去完成一天内的所有任务，但也仅够一天的任务。我将一天的任务比作一个背包，我需要背着背包前行。当我需要越过障碍或是向上攀爬时，一个背包也完全不会产生太大的负担。

有时候，我们可以卸下背包喘口气，我们不必一直处于极限工作和极限生活的状态之中。无论如何，我们能够背着背包前行，走完一天的路程。

但是，如果我们现在开始忧虑明天的事情并从而产生恐惧，这样就好比我们给自己背上了额外的包袱，我们得背负更重的行囊，同样度过一天。

如果背包太重，我们就会干脆撂挑子了。因为我们会发现，根本就没法前行，于是干脆放弃了。相反，如果我们将精力放在一天的工作上，那我们肯定能达成目标，也就可以完成每天的目标了。

这样一来，我们就能走得很远。问一问自己：今天最重要的任务是什么？如果我们完成了今天最重要的任务，那么到了晚上我们一定会感觉良好。明天再向自己提出同样的问题。

7. 我问自己：“在过去 24 小时里让我感觉尤其良好的事情是什么，我做成功了什么事情？”以此来锻炼自己专注生活中的积极面。

马丁·路德说过：“沮丧的屁股放不出开心的屁。”你了解“成功日志”吗？每天在日志上记录 5 次成功，记录 5 件让你有成就感的事情。

21 世纪以来，有不计其数的人在以这种方式或类似方式记录着自己的成功。这帮助他们过上了非常幸福的生活，他们的收入也获得了极大提升。

成功日志的秘密非常简单，它促使我们去着重关注生活中的一些特定事件。我们通过记录的方式延长了它们留在记忆中的时间。

我们可以反复阅读自己记录下来的内容，随时都可以看。生活的焦点转移到了这样一个人身上，他在生活中首先想看到的是成功，他想看到的是世上事物的积极面。

有 16 个问题，多年来我一直坚持每天早上问自己。（你可以在“成功日志”里找到这份问题清单。）

即使到了今天，我还时不时地使用这份问题清单——我是多么离不开它。

请你再看一遍这份清单，也请抽出时间来回答一些问题，比如以下这些：

· 在我目前的职业生涯和个人生活中，最让我开心的是什么？

· 给我最大动力的是什么？

· 我最感激的是什么？

· 谁爱我？

· 我擅长什么？

· 我做成功了什么？（参阅你的成功日志）

· 我知道些什么？

我们每个人都从心底里知道一个非常简单的事实：**自己究竟是一个积极的人，还是消极的人，这其实只是一个关于自律和习惯的问题**。

当然有可能有些人习惯于看到事物的消极面，也许在这件消极的外衣之下掩藏的是优秀和高尚，或是不同于那些不切实际的乐观主义者的成熟。

这样的人认为："我看到的世界就是世界真正的样子。"但这是错误的。世界上任何事物都有两面性：美好和邪恶。

如果我们看到的主要是邪恶面，那这又对谁有利呢？这对我们的精神世界和内心世界有什么影响？这对我们的计划和自我价值感有什么影响？

但如果有人习以为常地关注事物的消极面，那他就需要极高的判断力和自律力去打破这一习惯。前面提到过的问题清单可以帮助解决这一问题。

当乌云遮住了太阳，这时透过乌云去看到美好和光明就极为重要。正如当时年轻的军官拿破仑被传唤至上级军官的营帐里一样。

上级军官说："拿破仑，你盲目乐观了。你究竟凭什么在这么糟糕的作战形势下还这么乐观？”

拿破仑指着营帐外悬挂在天空中的乌云问道：“阁下，您看到的是什么？”

上级军官回答：“现在除了乌云，还有其他什么吗？”

拿破仑说：“您看，这就是区别。我看见的是一颗总是照亮我的星星。这是乌云也改变不了的东西。”

再强调一下：看见生活中的积极面——这一能力是一种由理智、自律和习惯组成的结合体。自律养成习惯。

也许你会问自己这样的努力值得吗？我的回答是，在非常乐观、快乐和幸福的人群中待上几个小时，我保证你会说：“我也想拥有一小部分这样的幸福感。”

我向你透露一个信息，这些人并非生来如此，也许在童年时期他们有幸成长于乐观积极的环境中。但这样的环境你也可以自己逐渐建立起来，首先要做的是确立生活的焦点。

即使在忧虑和恐惧之下，我们也必须学习去看到生活中的积极面。请记住我们的潜意识是如何运转的：如果我们专注于积极正面的事物，那么脑子里就没有空间去容纳消极负面。

8. 我考虑过可能出现的最糟糕的情况，之后尝试尽全力去避免此种情况。

这个建议听起来好像有点儿奇怪。设想一下可能出现的最糟糕的情况？这不就跟刚才说过的保持积极正面的思维相悖了吗？

这样的相悖只是表面的。你必须感受一次这个建议的能量；你必须感知出可能发生的事情，当你设想的最糟糕的情况应验了，你的生活会是什么样子。当然只是简单地设想一下。

分享一条有用的经验：在某种特定情况下我们会发现——无论如何生活还是会继续。

于是你获得了某种形式上的极度自由，如释重负的你十分清晰地认识到：即使出现这么糟糕的情况，我也能应付得过来。它无法使我屈服，也许它让我的生活十分艰难，甚至使我感到厌恶，但是我的生活还是能够继续下去，或许我还会在新环境中也发现积极的一面。

这时会发生一些使人惊讶的事情：你所忧虑和恐惧的事情无法再夺走你的力量。你不再停滞不前，因为你内心相信，生活无论如何都会继续下去。于是你会如释重负。

突然你就拥有了全部力量去对抗糟糕的处境，并且极大可能你会成功。

9. 当我遇到栅栏时，我看到的是胜利的可能性。当我无法立刻看见胜利的可能性时，我就会问自己："解决方法是什么？如何继续下去？"以此种方式来找出解决方法。

大多数人在遇到栅栏阻碍时，往往只是将其看作一种失败，或者至少将其看作是一种障碍物。而成功人士在遇见挡道的障碍物时，不会将其视为一块绊脚石，而是将其视为通往成功的一步阶梯。

这可能听起来有点儿悲哀和不切实际，但却是事实。如果我们将注意力集中在寻找解决方法上，那么障碍就成了成功的助力。严格来说我们在遇见挡道的栅栏时，甚至应该首先说一声"谢谢"。

也许将“感谢”作为第一反应真的很难想象，但在思考过几次之后的第二反应就完全合理且现实了。因为栅栏的问题意味着：现在必须离开舒适区去拓展自己的控制区；必须寻找问题的解决方法，否则对事情的发展便失去了期待。

这样看来，栅栏、障碍和问题就成了能发生在我们身上最好的事情，我们能够从中获得成长，优化和提升自己的人格，我们也会在现实中越来越接近自己想成为的人，我们不再为自己设立界限。

我们必须了解：任何一个事物都不是顺应或反对我们的，它是中立的。环境也是如此，它也是中立的。我们需要做出决定，自己如何运用这些事物和环境，是绊脚石还是成功的阶梯——这取决于我们自己。

上帝和宇宙并没有为这个世界创造困难，而是只创造了物质和能量。我们需要决定自己如何运用这些原材料。

我们理解并做出反应，一切存在的事物，一切我们所遇见的事物，都只是一种刺激。我们需要自己决定如何应对这些刺激。不存在客观事实，也不存在真理。我们要自己阐释一切事物的意义。

为我们设立界限的原材料与用于修建成功阶梯的原材料相同。当我们遇见障碍时，我们会问自己：我如何才能取得成功？我能从中学到什么？我如何才能从中获得成长？要让自己变得更优秀、更强大，我还能做哪些别的努力……

为此，我们必须改变自己的想法：如果以前我们将困难看作障碍，那么现在我们就应该将其看作机会。

想一想水。水总能为自己找到出路，水有耐心，执着而坚强，水不会让自己被长时间困住。如果这样想的话，当然我们还没有克服自身的界限，栅栏可能还拦在我们前行的道路上，但这些生活中的小逆境无法再操控我们。

从根本上来说，这条建议更进了一步。在讨论第五条建议时，我们说过，要关注积极向上的事物。因此可以确定：**实际上，一切都是中立的。只有我自己才能决定给予所处环境何种意义**。我寻求一切事物的积极面，因为一切事物的发展，都取决于我的看法。观察者本人创立了他自己的世界。

10. 我绝不、绝不、绝不放弃。

这句名言来自温斯顿·丘吉尔。耄耋之年的丘吉尔被邀请进行演讲，讲述他生命的本质，他只说了这句话：“**绝不、绝不、绝不放弃**。”这便是他漫长生命中最重要的准则。

西奥多·罗斯福说过：“生命只有一次，它值得我们毫无顾虑地去执行和完成正确的事情，而非只是安静舒适地度过。”

当我们认为某件事情不可能时，我们就会想放弃。也许这件事情“不可能”的程度根本就不高，那些努力战胜这件“不可能”的事情的人，几乎没有任何竞争对手，因为大多数人都过早放弃了。

也许与成功文学同样老生常谈的还有三只小青蛙的故事。我最初是在格列·特纳（Glenn Turner）的传记中读到了这个故事。

三只青蛙在一只装着奶油的桶中嬉闹玩耍。

在肚子吃得圆鼓鼓之后，它们试图离开奶油桶。但一切都是徒劳，它们的力气无法将自己从牢笼中解救出来。

其他的青蛙坐在桶沿上嘲笑自己的同伴。

三只青蛙的命运看似已成定局，其中两只放弃了努力，最终淹死在了奶油里，正如其他青蛙预言的一样。

第三只青蛙不停往上攀爬，直到它认为自己再也坚持不下去了。它似乎已经用尽了力气，虽然并没有什么意义，但它还是再次奋力一搏，最终它成功了。因为奶油已经凝固成了黄油，青蛙站在黄油上，跳到了桶外。

人们对这个故事的反应各异。一部分人笑了。一部分人皱起眉头说：“但真正的生活却不是这样的。”还有一部分人最终说：“这就极好地证明了——积极正面的思维方式只是一个童话而已。”

但请你观察一下自己的生活：青蛙的故事难道没有道理吗？我们必须为成功付出代价，青蛙的故事表达的便是这个道理：成功的代价就是毅力。永远、永远、永远、永远、永远、永远不要放弃，无论如何都不能放弃！

也许你听过这句话：“每当你认为某件事情无望时，便会有一道曙光照进来。”

但只有当我们继续坚持、不言放弃时，我们才能看见这道曙光。

我有一个非常单纯的信仰：**当我们拥有一个愿望时，我们也就拥有了去实现这个愿望的能力和机会**。不然生活中的愿望还有其他的意义吗?

即使出现巨大的障碍，比如生活危机、疾病、人为灾害……我们也不能放弃，我们可以改变和提升自己的任务。

我们可以找到其他的途径，也许会更轻松、更好、更直接，也许我们会变得更加聪明、更加宽容，也许我们会理解得更加透彻，也学会了去看待事物的另一面。

但我们也应该在困难环境中寻找解决方法，不要将注意力放在问题身上。当我们的注意力都在问题上面时，问题便会被放大。我们越关注某个问题，它看起来就会越严重。

当我们将注意力放在解决方法身上，我们便能真的找出来一些。放弃绝不应该是选项之一。我们可以稍做休息，也可以后退几步以获得更大的冲力，可以换别的方式，更聪明、更智慧的方式……但我们绝不应该放弃。

11. 我从不因别人的言语而忧虑，我从不听从错误的声音，我只会向我的榜样们进行咨询。

2008 年金融危机时，一位委托人寄给我一本关于世界末日的书。

作者想表达的观点是，很快街边的围栏会被拆除，房子会一座接一座地倒塌，国家秩序体系会成为一盘散沙，食物也无法再买到……

在每一次危机时都会冒出这类关于局势衰败的预言家，关注这些内容根本就是浪费时间。但我当时犯了个错误：我把这本书给了我的私人助理，说：“看看里面有没有有用的内容。”

结果是，他拿着一张食物清单回来找我，上面是我们为度过危机必须提前采买的食物。大量的罐头、按公担计量的面粉和大米……还有防御武器，比如箭、弩……

助理递给我这张清单时，我仔细地打量了他一番。他看起来并不开心，很遗憾我要对此负责，是我误导他产生了这样的忧虑。我花了几个小时才消除了他的恐惧。

我的建议是：不要听从错误的声音，不要让别人将忧虑植入你的大脑，听从你那些榜样的意见，听从成功人士的意见。

如何识别出哪些人是成功人士？当然，首先要看到的是他们取得的成功，但不要只关注他们以往的成功，这都已经成为过去，你应该更多地观察：他当前是如何生活的？这对我来说是一个积极的、有引导意义的方向吗？

也请关注得到建议的方式。我发现，失败的人喜欢给别人提出建议，即使并没有人向他们求助，而真正成功的人只会在获得求助信号时，才会给出建议。

两类人对于计划的不同反应也十分有趣。失败的人倾向于讽刺自己的计划，而成功的人即使是面对宏大的计划也能认真对待。

榜样效应又是怎么回事呢？以下要讲到的事实虽然苦涩，但十分重要：失败的人最终也只能给出关于失败的建议，他们只能根据自身经历说出不能怎么做。但成功的人能为你指引出他们曾经走过的目标道路。

我的教练非常清楚地表达过：“**失败的人没有理由向你给出建议，你也没有理由去听从这些建议。**”我不知道你是如何看待这个说法的，但请你再读一遍……

有一点可以确定，当你刚好处于忧虑和恐惧之中，当你刚开始一项新任务，或是当你面对巨大的问题，这时绝不是与怯懦型、失败型的人交谈的正确时机，否则你就好比是在为你的恐惧施肥。

恰好在这个时候，你需要来自成功人士的声音，来自你想成为的人的声音，因为在这些时刻，你是非常容易受到影响的。你需要你能获得的每一分勇气和每一次鼓励，你需要以成功人士的视角去看待每一件事情，你需要有人引导你将注意力放在积极面上去。

12. 目标越远大，问题看起来就越微小。因为一切都是相对的。遇见问题时，我倾向于将目标设定得更远大一些。

如果没有目标，那么你会在遇见第一个问题时就改变方向。如果你设定的目标缺乏价值，又何必费力去追逐呢？但如果目标符合你的期许，并且具有追逐的价值，**那么难题在你前进的道路上就只是任务了**。

相对法则是一条自然法则。在你遇见问题和产生恐惧时，这条法则也能帮到你。一切事物都与另外一些事物相对存在，理解这一点非常重要。问题总是与目标相对存在。

举个例子。假设你必须在 10 分钟之内赶到机场，还有两个路口要过，而且两个路口都是红灯——然而，大多时候这两个交通灯都不是红灯。你时间上可能会有一点点紧张。

在第二个交通灯终于变绿时，你前面的车却熄火了。当他终于再次点燃发动机时，交通灯又变红了。对于你的时间安排来说这是一件不太幸运的事情。

第二个例子。你计划自驾进行一次远途自驾旅行，你的太阳镜有点儿脏，你还想重新设置一次导航。现在这两个红灯对你来说就来得正是时候了，在第一个红灯时你可以擦拭太阳镜，第二个红灯时你可以安心地设置导航，在它变绿时你还没有设置完成，刚好这时前面的车熄火了。

许多人都有个错误的想法：目标设定得越小，遇见的问题也就越少。

然而，这是不对的。**如果我们设定的都只是小目标，这就意味着，每一个小问题对我们来说都可能是世界末日**。

17 岁时，我居住在加利福尼亚。那时我有一位女朋友，她在一场知名的音乐比赛上取得了胜利。作为大奖得主，她可以与旧金山交响乐团同台表演，她还有一场面向 2000 位观众，时长为 10 分钟的小提琴独奏。

在掌声中由我去献上玫瑰花，这其实并不是什么艰巨的任务。

一位朋友非常真诚地跟我开了个玩笑，他建议我把那束我精挑细选的玫瑰花冷冻起来，这样能保证玫瑰花在关键时刻还是新鲜如初。在颁奖典礼之前，我将玫瑰花从冰箱里拿出来，它们看起来真的非常新鲜。

将玫瑰花放在提前准备好的礼盒里之后，我便带着它们出发了，也没有再仔细检查。但当我站在台上伸手想把玫瑰花从礼盒里取出来时，才发现它们已经解冻了，摸起来就像软软的橡胶一样。我仍然还是将它们从礼盒里完整地拿了出来，它们忧伤地垂落了下来。

大厅里有大约2000名观众，他们的笑声在我耳边萦绕了几个月，我恨不得钻进地缝。我的女朋友非常优雅地解除了我的窘境，她亲吻了我。

即使到了今天，这样的场景还是会使我感觉不舒服，但我也会跟着大家一起大笑。

为什么？因为就算是失败也有与之相对存在的事物：性格、目标、已经获得的成功……有度量的人会承认：是我疏忽了，算我运气不好，但以后再也不会发生这样的事情了。

我们应该了解相对法则有多重要，我们可以使其为己所用。如果目标足够远大，那么问题对我们来说就是任务，是通往成功之路的垫脚石，也就没有任何可以吓住你的东西，它们只是成功之路上的一小段崎岖。

因此，我们不能仅仅因为一个小问题就为自己设定过低的目标。拿破仑·希尔说过："在这样的时刻，你应该将目标设定得更高。"

这个说法是对的：**目标越远大，生活就越精彩**。请参见《赢家法则》一书中的第十七条法则"为自己设定远大的目标"，里面对远大目标的含义做了详细的阐明。

13. 受到挫折时，我会行动起来。

以下的关系链很容易理解，而且一旦我们将其运用起来，它便会表现出无穷的威力：**受到挫折时，我们应该行动起来，因为当我们做出行动，便会获得结果，结果会为我们带来勇气**。究其根本，我们所获得的结果会向我们展示出：我是一个有影响力的人。

关键并不在于我们具体做了什么事情，可以是任何事情，关键在于我们得行动起来，因为只有行动起来，我们才能感受到自己是一个有影响力的人，是一个可以实现目标、可以影响事物发展的人。

影响力的对立面是挫败感。挫败是一种无助的经历。**只要我们能感觉到自己的影响力，便不会有挫败感，因此我们必须行动起来**。沮丧的人认为自己是牺牲品，认为自己无法改变事态，这种无助使他感觉忧伤、受到挫折。

受到挫折时还要去完成“愚公移山”一样艰巨的任务，这时我们可能根本就不在状态，但我们也不必去做这么艰难的事情，我们只需要行动起来，最好做一些能让自己保持心态平衡的事情，做一些小事，比如整理、运动、散步、清扫这样的事情。

做任何能使成功的滑道运转起来的事情：行动起来，因为行动会带来结果，结果会带来勇气。做出行动的人会体会到自己是一个有影响力的人，而影响力是挫败感的对立面。

这一条内容相当重要，其他条内容加起来的重要性才能和这一条相提并论。我们应该习惯于在受挫时迅速行动起来，虽然我们可能更愿意安静地坐着，许多人只想在床上躺着，“不再”起来。但这种行为的对立面是快速行动，做一些对自己有帮助的事情。

一旦行动起来，我们就会感觉好一些。那么我们应该做出什么样的行动？这与前面提到的情况一样，可以是任何微小的、平凡的事情。一旦行动起来，挫败感便无法再主导我们。在心态平衡之后，我们就可以再次去尝试那些更远大、更艰难的任务了。

14. 我提醒自己：一切都只是观念问题。我如果早知道所有事情，那可能根本就不会忧虑。我问自己："我的问题在5年后是什么状况呢？"

幸福通常只是一个观念问题，正如一个古老的中国寓言故事描述的一样。

从前，在一个小村庄里住着一位农民，他有一匹马。

这匹马是他唯一的财产，马儿帮助他把田地里的丰收运回家，帮助他耕地，帮助他将水果运往市场售卖。

然而，有一天，天气突变，雷电交加，闪电使马儿受到了惊吓，它挣脱绳子跑了。一位邻居听说了这件事，他对马主人说："可怜的人哪，现在你失去了你最重要的财产，你多么可怜、多么不幸啊。"马主人耐心地听完之后，说："谁知道这是福是祸呢。"

令人吃惊的是，马儿第二天自己回来了，身后还跟着三匹年轻的野马，随着它走进了栅栏，马主人快速地锁好了栅栏门。邻居听说了这件事，非常激动地跑过来："你多么幸运啊，你现在有四匹马了"。马主人听完之后，说："谁知道这是福是祸呢。"

第三天，马主人的儿子想要驯服其中一匹野马，他根本还来不及爬上马背就摔了下来，而且摔得非常严重，两条腿都断了。没过多久，那位邻居又过来了，他同情地说："你这个可怜的人哪，多么严重的事故啊。也许你的儿子再也好不起来了。多么不幸啊，再没有比这更糟糕的事情了。"马主人冷静地说："谁知道这是福是祸呢。”

一段时间之后，战争爆发了。皇帝委派的官员出现在了村庄里，为了招募村里的年轻男子加入军队，当然他们只招收健康的男子。马主人的儿子受伤了，也因此免于服役。这次，邻居过来祝贺他：“你真是太幸运了，你是唯一一个保住了自己儿子的人。命运真的偏爱你。”他耐心地听完之后，说：“谁知道这是福是祸呢。”

我们都有过这样的经历，通过这些经历我们认识到，**自己目前还不具备足够的远见和智慧去快速理解所有事情。通常我们都得过一段时间才能理解某件事物对自己来说是否有帮助**。也因此认识到一切只是观念问题。

我有过一次难忘的经历。

当时 15 岁的我，在法兰克福参加暑假活动，我被安排进了当地一户非常虔诚的宗教家庭里。一天，我们计划到韦科尔山郊游，去爬一个看起来像桌子的山坡，然后在上面搭帐篷过夜。

我们又开心又激动，开着车子出发了，结果途中被一辆车追尾了。车子的损伤微乎其微，而我非常震惊。因为开车的男主人说：“这是上帝给我们的指示，我们应该掉头回去。”

我非常努力地想说服他，上帝跟追尾事件毫无关系。虽然很不容易，但他总算还是继续开车前行了。

往前开了几公里之后，前面的车弹起了一块石头，石头击碎了我们的前风挡玻璃。幸运的是，我们都戴了墨镜，玻璃碎片只对我们造成了轻微的小伤。

这时，虔诚的男主人提高了音量说："上帝又一次与我们对话了。我们应该立刻掉头。"这一次我无法再劝服他了，我感到又挫败又生气。

往回开了几公里之后，本来蓝蓝的天空暗了下来，很快大雨袭来。坐在一个没有前风挡的车里，这实在不是什么令人舒服的事情。

回到家时，我们已经浑身湿透了。整个晚上暴雨倾盆、狂风怒吼。于是我很庆幸我们不用躺在山坡上的帐篷里。

第二天早上，我来到饭厅，看见虔诚的男主人面色苍白地坐在餐桌前。他刚刚在收音机里听到一个新闻，两位露营者刚好在我们打算去的那个山坡上露营，夜晚，他们的帐篷被狂风卷翻了，掉到了深谷之中。后来，人们在深谷中的帐篷里找到了他们。

这位虔诚的男主人认为，追尾事件和破碎的前风挡都是上帝给我们的指示。直到今天，我还是不确定他的观点是否正确，但是我学到了一点，而且这一点适用于任何情况：一切都是观念问题。

一点点的先见之明，通常可以让一件棘手的事情变成一件受到幸运女神眷顾的好事。

真正的问题大多并不在于问题本身，而在于我们是如何看待这个问题的。然而，很多时候我们忘记了，一切事物都只是预见性的问题，而每一个问题都在于观念的转变。

我们应该提醒自己保持冷静并思考，棘手的事情如何才能好转。通常我们需要的是耐心，因为这些优势不会过早地显现出来。

在应对棘手的事情时，美国人还有一套完全不同的做法。他们尝试根本不去考虑问题，而是干脆接受问题，也就是说根本不去评价事情是好是坏。他们的准则是：**SINALOA ——safety in numbers and the law of average**。意思是说，你的安全存在于数量之中和平均法则之中。

当你拿起一颗骰子，投掷一次，得到的数字只是一个单纯的运气问题。即使你投掷 10 次，这也还只是一个运气问题。

但如果你投掷 150 次骰子，平均法则就会发生作用了。你投掷的次数越多，所有数字出现的频次相同的可能性就越高。

因为你的业务成功并非取决于运气，所以想获得成功就只有一种方式：当你从事一项业务时，你需要经常进行练习和培训，在大量的业务活动中，平均法则就会发生作用。

这时你的业务结果就是预测的。**对于你最重要的业务活动，你必须经常做，因为只有这样，你才能获得成功的保障，所有的其他活动都只是业余性质的赌博**。

当你与他人有所接触，并且想以某种形式去帮助他们，在这方面你并不能总是成功。有的人会听从你的意见，有的人不会。

我的美国教练称之为“swswsw”，意思是“some will，some won't，so what”，有的人会听从我的意见，有的人不会，对我来说又有什么关系呢。

每一个问题都在于观念的转变。最好是根本就不要对问题进行评价，就好比一颗骰子上有不同的数字，同样地，我们可能会成功，也可能会失败。

这两种都是游戏可能出现的结果，两种结果都是同一个任务的一部分。因此评价并没有多少意义。但如果行动起来，我们便会想起来，许多事情只是一个预见性的问题。

15. 忧虑根本就不能带来好处。相反，我应该为自己培养积极的设想。

在所有设想中，最美好的设想是什么样的？对于大多数人来说，答案是：设想自己已经达成了目标，再勾勒出达成目标的感觉，别人会说些什么，自己的生活有什么改变……

最好使用自己最美好的设想，在大脑中编出一部美满结局的电影，一部可以随时在大脑里播放的电影，最好每天在某个时间定期播放，但也请在日常步骤之外进行播放，尤其是当你感到忧虑和恐惧时。

当然，这在最初并不容易，毕竟我们无法直接关闭忧虑和恐惧的阀门，但我们可以使用其他事物去覆盖它们，比如电影。

同时，我们可能还必须对抗自己的旧习惯，一定程度上在大脑里为自己建立起联系。与积极面的联系可能最初只是一条狭窄的蜿蜒小路，之后会成为马路，最终会成为宽阔的信息高速公路。

当我说编一部美满结局的电影时，有人感到不安。但请你想一想，电影也适用于忧虑和恐惧的情况。

即使在忧虑和恐惧的情况下，我们其实一定程度上也是在脑海中播放电影。只是，此时的电影不会获得美满的结局，只会是坏的结局。

不管是欢乐的电影，还是悲伤不安的电影，两者都与现实不符，因为我们还不了解事实，也不知道事态会如何发展。

但我们不能低估自我实现的预言的力量。我们对未来的态度会影响很多事情，包括我们的想法、感觉、所做的事情、决定……而所有这些反过来又会对未来造成影响。

出于这一原因，我们不能为自己制作消极的电影。更聪明的做法是在脑海中制作一部圆满结局的电影。

如果在CD机中放入一张摇滚CD，那我们就不能指望自己能听到莫扎特的音乐。也许你现在会说："这个例子很荒谬。如果我播放的是莫扎特音乐的CD，那我当然只能听到莫扎特的音乐啊。"

但请告诉自己：这就是想法的原理。带着恐惧和忧虑在大脑里编造一部消极的电影，那么之后在现实生活中如果真的发生类似的情况，也就不足为奇了。

因为恐惧和忧虑具备成为现实的倾向性。我们越关注某个问题，它看起来就会越严重。

一位禅师这样阐述生命的意义：

我们今天的样子是昨天的想法所造成的结果，我们现在的想法造就了明天的生活。生活是由自身意识所筑成的。

也就是说，意识消极的人总是被痛苦所追随，就好像轮子总是跟着拉车的牲畜一样。

我们今天的样子是昨天的想法所造成的结果，我们现在的想法造就了明天的生活。生活是由自身意识所筑成的。

也就是说，意识积极的人总是被快乐所追随，就好像影子总是跟

着身体一样。

企业家季诺・大卫杜夫的回答也许不像禅师那样深刻，但也同样十分智慧。有一次他被问道："您在生活中为自己挑选了最美好的事物。这样的生活难道不会太过容易了吗？"

季诺・大卫杜夫回答道："不，每个人都有选择自己生活的权利，我也可以挑选葡萄酒、食物、朋友和香烟。"

这句话当中不是隐藏着许多事实吗？这不是在说我们拥有选择自己生活的权利吗？我称之为：我们可以"设计"自己的生活。当然，在这样的生活中完全可能会产生恐惧和忧虑。

甚至可能出现恐惧与忧虑企图使我们屈服的时刻，但我们也有与它们和平相处的机会，比如通过这个方法——遵循本书中的建议。

大卫杜夫也被请求对生活艺术做出定义，他回答道："对我来说，生活艺术就是感受乐趣，将生活看作游戏，具备在任何情况下从世界上的任何事物中找到自己以及找到快乐的能力。在廉价的小酒馆中对女性不礼貌的人，即使在奢华餐厅里也是同一副样子，没有差别。但在破旧的环境中，当一名女性走到桌子前，站起来彬彬有礼地向她问好的人，才是生活中真正的大师。"

16. 在制订每一项计划和设定每一个目标时，我都会问自己："我为什么可以做到？"

我们应该努力在自己的记忆库中只存储积极的想法，"成功日志"可能对此非常有帮助，我们决定自己想要想起来的内容，我们决定自己想要延长记忆的经历，我们决定自己想在特定场景中回忆起来的事情。

“成功日志”只是一个非常清晰的方案，借助“成功日志”我们可以反复提醒自己去关注自己人格中积极、明亮、成功的一面。我们越关注它，它便会越强大，一旦自身的积极面强大起来，又会产生新的可以记录下来的成功，自此形成一个积极的循环。

每一个成功人士都经历过这样积极的循环。更多的是，他们不仅仅只是经历过，而是有意识地创造和推动了这个积极循环。

我的建议是，每天早晨在你的“成功日志”中写下五件成功的事情。之后便会发生神奇的事情——在面对计划和目标时，你会突然觉得：“我可以做到。”

17. 当我感到挫败时，我会立刻做一些让自己好转的事情。

我经常被问道：“当我感到挫败时该怎么办呢？”我的回答乍一听非常朴实，但有效：“做一些能让你好转的事情。”

我不知道使你感到最享受、最受鼓舞的是什么事情，我只能列举几件能让大多数人身心愉悦的事情。

可以听听优美的音乐，音乐带给我们抚慰心灵、治愈痛苦、健康身心的感受。

运动通常可以使心情极大地好转！

一部好电影可以在一段时间里将我们带入一个与当前生活完全不同的世界。沉浸在这部电影里时，我们的感觉世界也随之发生了变化。

好的电影可以带来这样的影响。这时的我们不仅由自己支配，同时也受到恐惧和忧虑的支配。当我们处于生活的黑暗阶段里感到忧伤时，我们可以到阳光明媚的地方进行一场短期旅行，或是躺在长椅上来一次日光浴。这样做并不是为了美容，而是因为阳光刚好就是乌云的对立面。

1. 舒服的热水澡和桑拿也能使我们身心愉悦。

2. 重要的是我们得去尝试这类使自己身心愉悦的事情，如果这类事情真的能达到，那么下一次再出现类似情况，我们也会更加确定自己应该做什么。

3. 当然，还有一个非常好的建议是：去寻找积极正面的朋友圈，当我们感觉不好时，至少还可以与积极阳光的朋友通个电话。

4. 偶尔将一整天的时间只留给自己，花一整天的时间去溺爱自己，做一些让自己身心愉悦的事情，我认为这是完全没有问题的。

注意：有的人因恐惧和忧虑而受挫，只想躺着睡觉，但是，挫败感往往并不能通过睡觉去战胜。

真正有效的方法是：当你感到挫败，你应该缩短自己的睡眠时间。也就是说，你应该连续几晚最多只睡 6 个小时，在其余时间里保持清醒。

如果我们做一些让自己愉悦的事情，那么挫败感就会消失。挫败感其实是将思想的弦紧绷起来了。当我们放松时，挫败感也就消失了。这时，挫败感就变成了幸福感。

当然，还有其他方法也会对你有所帮助。

举个例子。美国励志演说家金克拉（Zig Ziglar）在他写字桌上方的墙壁上挂了一张机票。为什么要挂在那里呢？因为这张机票能提醒他一次非常重要的经历。

一次，他在赶飞机途中遇到了拥堵，他非常紧张、着急且泄气。

赶上这趟航班对他来说非常重要，因为他要去进行演讲，赶下一趟航班他就迟到了。但结果无可避免，他到达机场的时间还是晚了，飞机已经飞走了。

他决定做些使自己愉悦的事情。他享用了一顿美美的午餐，在环境优美的休息室里放松自己，使自己在这段等待的时间里尽可能地感觉舒适。之后他得到消息，刚刚错过的那趟飞机坠毁了。

几个小时后得到了确切的消息：无人生还。

对于金克拉来说，这是他未来人生中的一条准则：**不要激动，因为一切都只是预见性的问题；如果早知道，那我也许根本就不会生气**。

堵车也不再使他泄气。遇到堵车时，他干脆说："看吧，多么幸运的堵车。"他以此来使挫败感转化成幸福感。

18. 我并不期望自己一直保持乐观积极。我知道，"负面"情绪也是我生活的一部分。

有的人给自己设置巨大的挑战和过高的期望，他们为自己塑造了一个难以企及的理想化的形象。与他们想成为的人相比，自身的存在就显得过于渺小。

有的人认为这样的行为会成为一个弱点，尤其是当人陷入忧伤时。他们期望自己一直保持积极状态和好心情，想从一朵幸运云跳到另一朵幸运云上。

正如之前所说，生活并非如此。**我们需要的不仅仅是阳光，还有雨露**。也许对于我们的人格和性情来说，忧伤也是十分重要的，也许这样的感情对我们自身来说也是一个非常重要的信号。这个信号是：注意，这个时候我们应该做一些别的事情了。

当然，我们也需要接受并忍耐这类情感的力量。我们可以承认，这样的感觉不是软弱的标志，也不是放弃，而是人之常情。

这并不与上述建议相违背。当然，你在本书中读到的许多内容都是可以实际执行的。尽管如此，我们却无法将忧虑、恐惧以及一些负面情绪从生活中驱逐出去。我们只能接受它们，因此这并不是失败。

一次，我和妻子在佛罗里达一家餐厅的露台上用餐。我看到一辆漂亮的劳斯莱斯开过来，一对年迈的夫妻走下车，在我们旁边的桌子坐了下来。我们打量了他们一眼，他们看起来非常友好和善。

但是，从一开始，他们就被餐厅人员瞧不起。服务员忽视他们长达20多分钟，并且服务态度很不友好。食物也过了50多分钟才给端上桌。

桌上的食物不仅不是他们所点的食物，还是他们完全不想吃的食物。他们告知服务员之后，又重新点单。服务员不仅没有一句道歉，还生气地说："那你们可能得等一会儿了！"

这时，年迈的女士对她丈夫说了一句我永远也不会忘记的话："Now I have the chance to train my attitude."（**现在我有机会来训练一下我的态度了**。）

最后这一点建议也包含谦逊和耐心，以及不对所有事情太较真儿的能力。

在古印度时期，国王判处了一名男子死刑。

男子乞求国王收回处决并补充道：“如果我的国王怜悯我并且免除我死刑的话，我会在一年之内教会他的马飞行。”

国王回答：“可以满足你的乞求。但如果一年内你无法教会我的马飞行的话，你还是会失去你的生命。”

男子的家人忧心忡忡地问他：“你准备如何兑现你的诺言呢？马儿根本就不可能学会飞行。”

男子回答道：“一年时间里，可能会发生很多事情：国王可能去世，也就没有人再记得他的判决了，他的马也可能去世，或者它学会了飞行。谁又知道呢？”

这就像对待药剂一样，过于害怕，药剂就如同毒药，毫无畏惧之心，又会太过轻率。

正如前面所说，有时候，耐心地等待问题自己结束，同时不要对一切太较真，是一件好事。

此外，负面情绪也是我们生活的一部分，我们应该从中总结出经验并重视它，还应该保持一定程度上的冷静。

提醒自己记住第五条建议，一切取决于剂量，就好像对待药剂一样。

19. 我知道，大多时候一切都很顺利。每当我着手做自身能力范围之内的事情时，我总是能找到机会。

与其将精力集中在问题身上，不如反复寻找解决方法。反复寻找，但不是随意地、偶尔地、时不时地寻找，而是系统性地寻找。

即使是解决问题，尤其是困难的问题，一定程度的 TAM（日常工作方法）还是很重要。TAM 是一套工作指导体系，它确定出了我在什么时间段该做什么任务。

假设一家公司打算解雇一批人员，对于这部分失业人员来说这是一个巨大的灾难。那么他们中的大部分是怎么应对失业的呢？他们偶尔写几个求职广告，其余时间就待业在家。

我的建议是：立刻建立起你的 TAM——日常工作方法体系。比如这样安排自己："9：00 到 12：00 的任务是打求职电话。14：00 到 18：00 进行公司走访毛遂自荐，即使收不到任何面谈邀请也要主动出击。19：00 到 21：00 给亲朋好友打电话寻求关于找工作的建议。"

我认识许多人，他们没有建立起 TAM 所需的自律。大多数人首先就接受了职员的角色设定，因为没有建立起 TAM 所需的自律，也就是说他们接受了企业所规定的体系。

但是，日常工作方法体系是极为重要的，因为这一体系能够成为一种习惯，而习惯总是比自律更强大。有益的、成功的行为必定会成为一种习惯。

一切事务都可以非常简单地通过 TAM 进行管理。这一明智的工作方式和习惯会自行运转，不需要我们过多思考，我们只需要着手行动就可以了。

尤其是感到忧虑、受到恐惧侵袭时，我们更应该立刻想到自己的 TAM，并立刻执行。将精力集中到一套特定体系上，在系统性地行动起来之后，忧虑和恐惧便会很快失去对你的操控力。

到目前为止一切都非常清晰明了。但是这符合我们“尽己所能，做好能力范围内一切事情”的原则吗？在这里，“做一切事情”是一个非常模糊的概念，也因此非常具有诱惑力。我认识一些人，他们心不在焉地做了一些尝试，然后便信誓旦旦地喊道：“我已经做了所有我能力范围之内的事情。”

这真的很可笑，而且可笑至极。在获得成功之前，我们永远没法知道自己真正的能力有多大。因此我们应该建立起一套 TAM，一套解决问题的 TAM，并按此行动——尤其是当我们遇到困难时。

有一点可以确定的是：只要问题还没有解决，那我们就还没有做好自己能力范围内的所有事情。我们也就应该坚持执行自己的日常工作方法体系。

托马斯·阿尔瓦·爱迪生说过：“成功是一条连锁法则，失败只是临时状态，继续前行必定获得成功。”

关键并不在于我们还要进行三次还是五次尝试，真正的关键在于：我们应该研究出一条引导我们走向成功的路径。

20. 我从困难的任务中获得成长，就犹如肌肉通过重量训练获得增长一样。我知道：每一次成长都需要阳光和雨露。

有的事情确实非常糟糕，根本找不到理由去为它们辩解。但是，**即使在最糟糕的痛苦背后，也藏着一座宝藏**。这座宝藏只等着被发现。

对于大多数事物来说：某件事情困难，并不意味着它就一定糟糕。一株植物想要成长，它既需要阳光也需要雨露。我们也需要两种东西：成功和失败。

仅仅从书本上，我们并不能学到人格和性情，这两者都需要去量身打造。它们是由我们的自身经历所塑造的。当然我们需要成功，因为成功使我们更加富有，借助成功我们才能攀登高峰！

但我们也需要失败，因为失败使我们更加强大，失败给予我们思想深度。一个富有但是软弱且肤浅的人是令人难以接受的。

重量过轻，肌肉不会增长，困难过小，人也不会成长。因此我们需要训练自己去期待那些困难的任务。那些被我们轻率地称为“问题”的事情中，有许多实际上只是困难的任务，我们能从中获得成长的任务。

面对问题时，我们最不应该做的事情是：置之不理。一旦行动起来，我们便会获得结果，结果会给我们带来勇气和力量。

我们每个人都必须经历自己人格中的雨露，每个人都需要困境去获得成长。宇宙也总是刚好将我们成长所需的任务分配给我们。

当然，我们倾向于为自己挑选更轻松的任务，但这样一来，我们就无法获得成长，也无法成为我们能成为的最优秀的人。

“你拥有统治世界的力量：你自己的世界！”

“接受现在，放手过去，相信未来。”

◆应对恐惧与忧虑的 20 条金句◆

1. 我马上阅读这份具有实践意义的清单，从头到尾读完，然后立即将最适合我的那条内容付诸实践。

2. 我知道，到今天为止，我所开展的所有事情都进展不错。下一个任务我也能成功完成。

3. 扪心自问：我过去的恐惧最终怎么样啦？它们中有多少真的发生啦？

4. 我尽可能快速地做出决定。我从不说我“可能”或我“必须”要做某件事情，我只会决定这件事情我做还是不做。

5. 在我还无法改变任何事时，或已经无法再改变任何事时，我从不忧虑。

6. 为什么我不能再多完成一天的任务，然后再多完成一天的？因为我知道：我可以胜任一天的任务，就能完成每天的任务。因此，我将自己的生活分成了紧凑的时间方块。

7. 我问自己：“在过去 24 小时里让我感觉尤其良好的事情是什么，我做成功了什么事情？”以此来锻炼自己专注生活中的积极面。

8. 我考虑过可能出现的最糟糕的情况，之后尝试尽全力去避免此种情况。

9. 当我遇到栅栏时，我看到的是胜利的可能性。当我无法立刻看见胜利的可能性时，我就会问自己："解决方法是什么？如何继续下去？"以此种方式来找出解决方法。

10. 我绝不、绝不、绝不放弃。

11. 我从不因别人的言语而忧虑，我从不听从错误的声音，我只会向我的榜样们进行咨询。

12. 目标越远大，问题看起来就越微小。因为一切都是相对的。遇见问题时，我倾向于将目标设定得更远大一些。

13. 受到挫折时，我会行动起来。

14. 我提醒自己：一切都只是观念问题。如果我早知道所有事情，那我可能根本就不会忧虑。我问自己："我的问题在 5 年后是什么状况呢？"

15. 忧虑根本就不能带来好处。相反，我应该为自己培养积极的设想。

16. 在制订每一项计划和设定每一个目标时，我都会问自己："我为什么可以做到？"

17. 当我感到挫败时，我会立刻做一些让自己好转的事情。

18. 我并不期望自己一直保持乐观积极。我知道，负面情绪也是我生活的一部分。

19. 我知道，大多时候一切都很顺利。每当我着手做自身能力范围之内的事情时，我总是能找到机会。

20. 我从困难的任务中获得成长，就犹如肌肉通过重量训练获得增长一样。我知道：每一次成长都需要阳光和雨露。

“恐惧源于大脑。勇气也源于大脑！”

“当前可能发生在我身上的最糟糕的事情是，
度过美妙的一天。”

CHAPTER III

第三部分

将问题转化为金子

如何将问题转化为金子

你会好奇如何才能快速成功吗?

我的意思是，你真的想知道吗？即使真相会让你感觉很不舒服。

我 26 岁那年，对此非常好奇。于是，我问教练：“快速致富的捷径是什么？”

他说出的答案令人非常失望。

他说：“**想要成功致富，必须先经历九九八十一道难关**。”

我当时认为：“通往富有之路要经历重重困难？疯了吧……”

教练接下来的话让我更加吃惊。

他说：“富人面临的问题比穷人多得多。”

失望感瞬间在我心底蔓延开来。这和我想象中成功人士的生活大相径庭。教练说的话，听起来就好像是富人每天早上一起床，一大堆问题就摆在餐桌上，等待着他们一件一件地去解决。

那么，人们变得富有究竟是为了什么？我原本以为，我在金钱方面的担忧对富人而言都不是事儿……他们肯定没有烦恼。

那我到底该怎么做呢？思考一段时间后，我做出了一个在我看来符合逻辑的决定：我不愿意穷下去。但麻烦事儿我也不想去做。因为我宁愿不去追求超级富有，我只要简单富足就够了。这样一来，我需要面临的问题也就没有那么多了。

我的教练一开始笑了笑，接着，表情严肃地对我说："这个想法听上去很狡猾，但是，这种思考方式非常危险。你想想，这种方式的后果是什么？你选择成为中等人吗？"

我的教练说出这个词的态度，表明他认为这种状态不值得追求——中等水平。

但是，我觉得"中等"其实并不是很糟糕，因为大部分人都处于中等水平嘛……

我的教练好像看透了我的心思，他说："你要搞清楚，中等意味着什么。你将永远只是努力一点点，总是只追求小小的目标，总是只接受一部分困难。你总是想方设法地只付出最小的努力。你追求的不是赢，而只是为了不失去。**你将只能离自己可能成为的样子越来越远**。"

这一下，我陷入了一个两难境地。我的教练老是提到"我可能成为的样子"，但我自己都并不确定，教练眼中的博多·舍费尔，与我自己眼中的博多·舍费尔可能的模样是否为相同的画面。至少，在我的想象中，我的未来要比我的教练设想的轻松得多。

在我看来，总是能够避开问题，是一种非常明智的生活状态。就好像滑雪者绕开滑道障碍一样。我觉得，这种做法看上去不仅机智，还很狡猾。为什么人非得往问题上撞呢？这让我觉得太蠢了。我认为，聪明人都选择明智地绕开问题。

我的教练解释道：“这种方式不能称为明智地绕开，而属于胆小地逃避。逃避问题的人，只能和机会失之交臂。**不学会与问题打交道，人生就只能达到庸庸碌碌的中等水平**。”

这里再次提到了这个令人不适的词：中等。此刻，我自己一下子就明白了：我不愿意这样。我想要成为富有的人、强大的人。不过，我的教练把我想象中聪明的生活方式贬低为逃跑，我还是觉得有点儿难以接受。

我想要反驳，不断地争辩，但是都没能成功。因为，我感觉我的教练道出了一个重要的事实。我虽然还没能准备好，摆脱长久以来树立的人生观，但是，我也在对此做出思考。我渐渐地不再为自己辩解。

我的教练继续解释道：“逃避问题的人，最终只能和原本希望达成的目标南辕北辙。因为问题**不可能自己消失**。**我们要么掌控问题，要么被问题反制**。**如果我们学会了如何掌控问题，那么，一切问题将不值得一提**。”

那一刻，我突然产生了一种新的感受：我开始认识到，问题不一定是负面的。一切都是一种直观感受，全部由观察者——你和我——决定。我们呈现出面临的状况，然后我们自己来决定如何去回应。

这样一来，许多问题实际都只是见识的问题——想一想中国古代“塞翁失马”的寓言故事。

在本书第二部分第二十条建议中，我们就已经断言，一个人需要经历难题的磨炼，就如同只有通过辛苦锻炼才能增长肌肉，如同植物生长离不开阳光和雨露。**成功使我们富有，问题和失败使我们成长**。况且，我们已经说过，真正的问题并不是问题本身，而是我们怎样去看待它，怎么去处理它。

对于我，一切都是全新的开始。从现在起，我对问题开启了截然不同的视角。以前，问题是一种黑暗的、消极的、令人难受的和令人讨厌的事情，会让人想方设法地去避免。

但是，现在我懂得了：问题的确是成功不可缺少的元素。不经历问题，我们就无法通往富有的道路。如果我们想追求富有和成功，那么，就要像烤蛋糕一样，需要明确的烘焙方法。这些就是你得从我和其他教练那里学习的策略、建议和成功理念。

不过，烤蛋糕同时离不开配料，否则，巧妇难为无米之炊。那么，你知道实现成功都需要哪些配料吗？答案是：问题。实现成功，离不开问题的锤炼。否则，你就无法实现想要的富足。或者，我们换一种说法：问题越多，财富越多。问题越大，获取的成功越大。

获得财富的公式就是：问题+策略=成功

你也看到了，本书的主题是，怎样以最好的方式对待问题。你能从中学到这些年我积累的所有策略，学习如何完全将问题转化为金子。

开始逐个学习具体的方法和技巧之前，我们先就最关键的点做了讨论，也就是我们对待问题的态度。

你可以像我之前那样：把它看作瘟神，不顾一切地逃避。抑或是，你可以参考所有成功人士的态度：把它作为实现成功和富有不可或缺的原料。

我的教练给我讲了炼金术士的故事。

炼金术士就像魔术师，能够创造神奇的事情。传言，他们中的高手有炼土成金的本事。教练说：“**成功人士也是如此，他们有能力将逆境转化为机遇，实现化土成金**。”

我的教练口中的“金”不仅只是金钱，还包括成就、能力、品性和满足感。那么泥土指的什么？是我们成功道路上遭遇的问题。初遇问题可能觉得头疼，但实际上它只不过是成功的原料而已。

那么，你再想想从最深层次理解，这就意味着：根本就不存在问题。有的只是普通原材料和没有好坏之分的局势而已。然后由我们决定，从这些原料中生产出什么。

不存在问题？你可能会问：“哪里有这种地方？”如果我说：不存在问题，请你不要简单直观地去理解。当然有一些处境和事情，会逼迫我们一开始屈服。这里所说的是死亡、重病或者是经历沉痛的打击，这些是灾难，但这些不是我们要在这儿谈论的话题。

但是，我现在非常坚信：**没有哪一次苦痛的背后，不是同样埋藏着宝藏**。至少很多人在经历完灾难后都这样告诉我。我在自己的人生中也同经历过——或许你也如此。

即使在遭遇最沉痛的厄运时，许多人也能从中发现闪光之处。从中他们能获得勇气和再次发现生活乐趣。心智炼金术也适用于这些地方。

不过，我们在这儿首要讨论的是日常生活中的许多事件和情况，我们总是轻易地将这些定性为问题，但实际上他们只是我们炼金路上的不可或缺的原料。我不是治疗师，我是一名金钱教练。因此本书中涉及更多的是通往成功道路上“普通的”问题。

在这里，我们原则上不应该总是首先讨论灾难这种情况。

正如我们所说，除了这些以外，不存在问题。赋予当下处境何种意义，由我们自己决定。设想一下，你目前经济拮据，而明天一早税务局要补扣你一大笔税。这种算问题吗？你已经知道：这关键取决于你的想法。

圣经里有一则故事。

有一天，彼得去耶稣面前说：“主啊，我们遇到问题了。明天必须要缴税，但是我们没有钱。”

耶稣答道：“没问题。”

彼得有些不耐烦地说：“主啊，你没听明白。我是说，明天就必须缴税了，但我们没钱。这就是问题啊。”

耶稣又答道：“没问题。”

从中得出一条有趣的道理：对耶稣而言，这真的不算问题。他可以创造奇迹。**对于有能力创造奇迹的人，压根儿就不存在问题**。身边有一群正能量的人非常有好处。为了实现目标，他们愿意尽己所能地做好一切必要的事情。对他们而言，问题只不过是“成功蛋糕”中的一道调料。

为了解决问题，他们愿意竭尽所能。根据需要早起晚睡，按照需求阅读大量专业书刊，不断地请教他人。为了解决问题，他们从不半途而废。

对这群人来讲，“问题”一词引来的不是绝望。他们从不抱怨说“天啊，为什么偏偏发生在我身上”，或者“为什么是现在”。

顺便说一下，耶稣很简单地解决了那个难题。

他命彼得去捕鱼。因为彼得是名渔夫，所以这样的安排非常合理。在彼得捕到的第一条鱼的鱼嘴里，含着一枚硬币，他以此付清了所有的税。

道理很简单：

1. 当面临困难的处境时，我们要思考如何才能将之炼成金子。

2. 只要我们愿意付出，奇迹就会发生。

3. 一个人如果去捕鱼，掌握这项技能很有帮助。

4. **如果我们能成为别人求助的对象，说明我们被看作强大和有能力的人**。彼得遇到问题马上去找耶稣，因为耶稣肯定有好主意。

5. 暂时没有钱不算什么，我们的身边有足够多赚钱的机会。但这需要我们付出努力。富有的人，会拥有更加舒适的生活。他不必为了生计常常大晚上去捕鱼。

6. 我们将变成“没问题”的人。

怎样才能实现奇迹？世界上从不缺乏创造奇迹的人。对我们而言，奇迹是时空中发生的那些和我们经验相悖的事件。是当前在我们阅历认知中难以想象的事情。

一定量的财富、一定高度的收入对许多人来说是奇迹，实现财务自由或者收入翻了几番会让他们感到吃惊。对另一些人而言，这些都是理所应当的事情。赚钱，达到财务自由……

“创造奇迹”不是魔法。每一个战胜困难的人，都有创造奇迹的能力。当我们足够强大到可以战胜任何不幸，那么人生道路上便不存在困难。我们可以实现很多难以想象的事情。

不过有一点可以确定的是，守株待兔似的等待奇迹发生非常愚蠢。就好像运动员坐在电视机前看着奥运会，还期待自己能获得一枚金牌一样。奇迹不可能从天而降，我们必须自己努力创造。我们必须学会化问题为金子。这个观念首先要根植于我们头脑中，然后贯穿在我们日常生活中。

问题引发的问题

遇到问题时最糟糕的事情是什么？我认为是问题引发的恐惧和忧虑。往往麻烦的不是事情本身，而是对生活产生忧虑。这样一来，又回到了本书第二部分的内容。为什么问题、忧虑和放弃是一个整体，因为问题会引发一系列忧虑。

然而，反过来也完全适用：忧虑招致问题。这两者都会导致许多人选择放弃。久而久之，他们会越发忧虑，遇到问题时的惊吓反应更加强烈。

你会有恐惧的时候吗？当然，恐惧是生活的组成元素，每个人都不例外。不同之处在于，恐惧在生活中占据上风，四处阻碍我们行动，或者是恐惧在生活中起到主导作用……

恐惧让我们丧失行动能力，使我们畏缩不前，害怕禁锢我们的灵魂。恐惧就和自由相对。如果我们想要达到财务自由，就必须学会从危险的恐惧中解放出来。在第二部分，我们已经讲了如何操作。不过我们一起看看恐惧和问题之间的关联。

我们必须认识到，恐惧产生，主要是因为我们总是去评估发生的事情。如果我们能坚定地告诉自己，外部坏境始终是中性的，它是好是坏，由我们自己决定。如此一来，你就能充满力量。当你强大起来，害怕便无处容身。

赢家掌握的炼金术技巧是：将一切用于炼金。问题被他们看作机遇。他们总是充满工作紧迫感。因为每一个看上去不利的处境都蕴含着有利机遇。**真正起决定作用的，是我们思考问题的方法**。

只要我们不去评估事态好坏，并且相信自己能够化土成金，那么恐惧就没有机会操控我们的生活。让我们通过一个例子，看看心智炼金术怎样发挥作用。

说唱歌手 50 美分[①]

50 美分是一个街头混混儿，靠非法毒品交易为生。突然有一天，

① 50 美分（50 Cent），原名柯蒂斯·詹姆斯·杰克逊三世（Curtis James Jackson III），1975 年 7 月 6 日出生于美国纽约皇后区，美国说唱歌手、演员、投资商。

他想改变生活现状，成为一名音乐家。于是他耗费了一年时间打造自己的专辑。哥伦比亚唱片公司打算和他签约发行。

但就在专辑发行的前一周，他遭遇职业杀手枪击，一颗子弹刺穿了他的下巴，伤了舌头，差一点儿就让他性命难保。

哥伦比亚唱片公司停止了专辑发行并和 50 美分解约。别的音乐公司也不愿意接纳他。50 美分被驱离出了这个行业，音乐家的事业梦也将随之终结。他面临彻底的落败。与此同时，杀手还在继续四处寻他，准备置他于死地。他受了很重的伤，痛苦的状态不言而喻。

这时候，大部分人可能会说："50 美分真的摊上大麻烦了。"50 美分此时正躺在祖父母的家中治疗枪伤，相比于他，其他人都只希望他能躲过此劫，捡一条命，就最好不过了。

但 50 美分不这么想，他想到了心智炼金术。他对自己说："难道这次谋杀不能转换成幸事吗？"换句话说：他如何才能将这次的确棘手的处境炼成金子？

没钱，没社会关系，被杀手追杀，合同解约……他怎样才能巧妙地化解这一切不利因素？

50 美分隐匿了几个月，藏在朋友家里。其间，他重新开始了自己的音乐事业。枪击的后遗症始终影响着他的舌头，他的音色发生了改变，现在听起来很沙哑。

因为嘴巴每动一下都非常痛苦，他不得不慢慢地饶舌。他没有从一开始就试着练习恢复嗓音，而是决定充分利用改变的音色，打算唱出真正的街头音乐：粗野、猛烈、充满冒险气息。

因为没有音乐公司支撑，他就自己将音乐带到街头。他声音中传递的怒火和作品中强烈的情感迅速在街头引发轰动。他的第一首曲子就获得了极大成功。紧接着一首首曲子如潮水般奔涌而出，他心中集聚的怒火全部在歌曲中爆发。

他继续前行的脚步，扭转了一个个看上去不利的局面。因为没钱做宣传，他鼓励听众复刻他的作品，让自己的音乐得到病毒式的传播。没有音乐公司，所以他可以允许听众尽可能多地复刻自己的作品，以此让曲子迅速获得了惊人的传播量。

不久，他的一首单曲获得了埃米纳姆的赏识，对方和他签订了合约。2008 年，50 美分的资产评估高达 500 万美金。

由于他的故事，下面这句话从 50 美分的口中说出来，更有非同寻常的意义："**一切劣势都能转化成优势，从自己身上发生的不幸事件中，总能发掘出好的一面。**"

生活无好坏

让我们来更加深入地探讨心智炼金术：生活中发生的事件并不带有积极或者消极的色彩，本身是属于中性的。事情仅仅就是发生了而已。事件的好坏完全源自我们的自我感知。

针对所处环境和所发生的事件的评判，仅仅是我们个人的看法，认为:“这是一次失败，这是一次危机”。说不定其他人在同样的环境或者事件中，会产生完全不同的结论。

外部环境并不会支持或是反对我们，本身并不带任何色彩。我们自己决定对当前环境作出怎样的反映。**是绊脚石还是通向成功的阶梯，完全取决于我们自己**。上帝和宇宙从不会创造困境，自然界没有这些。

一个事件只包含了信息和能量，而这些元素都是中性的。通过原材料制造什么样的产品由我们自己决定。**同一批材料，既可能制造出障碍，也可能创造出成功阶梯**。**这完全取决于我们自己**。

如果我们消极看待中性的事件，由此导致失败，或者认为这是一场危机，那么说明我们已经完全被害怕支配，无限度放大了面临的危险。这样可能引发非常严重的后果:我们会更加谨小慎微，缩手缩脚，避免自己再次遭遇负面的事情。

被害怕的心理掌握了主导权后，会怎么做呢?什么都不会做。我们会选择放弃，只会等待处境自己好转。如此一来，我们只能错过生活向我们提供的大部分机遇。

我们可以将这种方式称为“防御姿态”。它引发的危险有:防御姿态容易演变成为长期习惯。久而久之，不仅在困难处境中会采用这样的姿态，而且在普通的日常生活中也会如此。

一种防御、消极等待的生活方式会渐渐地成为习惯，害怕和放弃成为生活常态，最终就如同温水煮青蛙，越陷越深。

“使你感到害怕的事情，可能值得一试。”

图为2006年，博多·舍费尔在莫斯科奥林匹克体育场，面对35000名观众，进行了一次成功的演讲。

消极怪圈

此时，会陷入一种非常危险的怪圈：**基本上有一次采用过防御姿态的人，更容易对新面临的困境和难题做出消极的评判**。恐惧感也会更加强烈。

他会把问题看得更加严重，会在问题上投放更多根本不必要的关注，造成的结果是，这部分人变得更加畏首畏尾，并且频繁地将防御姿态用于日常生活中。

赢家则完全不同。他们将问题和逆境看作唤醒自己的方式，看作一种挑战和成长的机会，看作寻找和选择全新道路的可能性。赢家知道炼金术的技艺。

我们必须训练自己，从看上去不利的处境中制造机遇。

大部分的问题和恐惧最终都只发生在我们的脑海里。然而正是这些恐惧感，这些从没发生过的困境，迫使我们一生都保持防御姿态。我们必须设想一下：

不真实的恐惧感，毫无现实依据，像幽灵一般从我们生活中掠过，并阻碍我们成就更好的自己。我们的生活几乎就只发生在我们的想象中——这实在是太不好受了。这样的日子非常艰难，虽然我们什么都没做。

一切都发生在想象中：恐惧，也就是设想某件事情没有实现会怎样。但是心智炼金术是：设想，怎样才能将这些不愿意发生的事件转化成金子般的顺境。

当然，的确有一些不利的事情真的发生。那么此时有用的是，成为炼金术士，化土成金。此时我们必须保持高度清醒，因为在这种真正的逆境中，我们可以证明，我们不必害怕任何处境。

当我们多次成功地将逆境转化成机遇后，我们幻想中的恐惧便会失去能量。此时，我们可以更加容易地打赢这场心理战。

有一些人对生活的看法很奇怪，他们只想从自然界中攫取财富，认为自己应该享有获取幸福生活的特权。一旦有事情不顺心，他们就会变得非常情绪化。和我当初一样，他们希望能避开所有的问题，就像滑雪者避开滑道障碍那样。

请你想想我们一开始说过的话：许多事情我们没有必要去躲避。如果我们想要保证生活质量，我们不可以这样做。因为生活中的这些事件不存在消极或者积极的色彩，它们只是中性的。

我们为什么要去逃避这些中性的事件呢？逃避不仅耗费力气，而且不利于前行。我们不如花精力把这些环境看作是对我们有利的条件。像炼金术士一样。

美国首任总统

乔治·华盛顿（George Washington）是美国的第一任总统。他一开始就担任美国大陆军的指挥官。1776 年时，他的处境非常艰难——正如许多人口中描绘的，他的“军队”乱作一团，毫无组织纪律性，没有接受过正规训练，待遇差，装备差，没有作战能力。

整个 1776 年期间，在英军的强大攻势下，这支自称“大陆军”的反抗队伍节节败退，被迫从波士顿和纽约撤离。美国独立战争面临最关键的时刻，革命岌岌可危。

华盛顿的军队一度缩减到只有几千人，面临前所未有的困境。在最寒冷的那段时间里，他们没有食物充饥，缺少御寒的衣物。

与此同时，敌军却拥有非常优质的休整条件，食物和装备一应俱全，而且人数是美军的6倍。这样一来，美军是一群没有受过正规军事训练的散军，而英军经验丰富。

如果你是华盛顿，你会怎么办？此时可能大部分人会决定，静待冬天过去，充实军队，同时期盼得到命运之神的眷顾。但乔治·华盛顿是一名炼金术士。

在他的眼中，自己的队伍虽然小，但他看出了巨大的优势。这样一来，他可以在不引起敌军注意的前提下，调动队伍，发动出人意料的进攻，因为他们看上去就像凭空出现的一样。军队还能在复杂的地势中轻松移动——在这里，英军便优势全无。

此时，华盛顿真的决定发动一次进攻。**他将注意力集中在自己拥有什么和可以做什么，而不是关注自己缺什么，不能做什么。**

他的军队小，可以通过作战方式将敌军引入行动不便的地形区域，在这里，他的军队才能占有真正的优势。这一切正和心智炼金术有关：将一切不利因素转化为有利条件。

你设想一下，敌我人数悬殊6倍之多，而你说："这是我方的优势。"这听起来似乎有点儿疯狂。但我们经历过或即将经历的许多伟大事件，正是缘于这样的想法。

图为博多·舍费尔与美国第四十二任总统比尔·克林顿（Bill Clinton）

拳击运动员

遗憾的是，这种情况可能完全相反。我们完全可能通过我们的想法将优势转化为劣势。俄罗斯拳击手，尼古拉·瓦鲁耶夫（Nikolai Walujew）在2009年世界金腰带争夺赛上，和大卫·海耶（David Haye）交手失利。他说："我比他重50kg，高22cm，这样一来，加大了我获胜的难度。"

他说的这句话我们必须好好品味品味：全世界都说，瓦鲁耶夫巨大的体形让他占据优势，而他自己说："这些让自己赢起来非常非常艰难。"**我们可以化土成金，反过来也能化优势为劣势**。

海耶则刚好相反：在第二轮比赛时，他的右手就骨折了。这样看来，他完全处于劣势。几乎所有人都认为他会输。但海耶是怎么做的呢？

他对自己说："这种局势下，我必须少进攻，重防守，在体力上拖垮瓦鲁耶夫。这样一来，我就能争取优势，赢得胜利。"事实的确如此。海耶在12回合后打败了巨人瓦鲁耶夫。他成功地将劣势转化为优势。

几乎所有人都认为十分艰难的处境，赢家却将其视为难得的机会。

你们想想，几乎所有大的胜利，不管是军事上、政治上，还是经济上，都是从之前某个危机中历练出来的。这表明，危难时刻才能激发领袖人物真正的潜能。

比如一家优秀的企业在危机面前，正是展现团队能力的时候。风和日丽的天气下，谁都可以担任船长。但面临恶劣的暴风雨时，对船长的要求则更高。船长要先具备战胜自己的恐惧的能力。

在明显不利的局势下，要能从中发掘出优势和突破口。如果做到这一点，那么我们就成功地将这一时刻转化成金。但前提是，我们要先战胜心中的恐惧。

我们之前说过，问题潜在的危险是，它可能引发恐惧。恐惧又会造成新的难题。这会导致我们启动防御姿态，人生道路会明显越走越窄。我们的整个生活就只剩下放弃。

着手开展以下 3 点行动很重要：

1. 接受恐惧，但同时找到方法，让我们在充满恐惧时更好地生活。

2. 将问题转化成机遇。

3. 不接受放弃，选择坚持不懈。

我们要像炼金术士一样对待所有的事情，包括我们放弃的决心，我们的恐惧心理和面临的问题，都能将之化为金子。

布丽塔・斯特芬①

给大家讲一个体育界的故事。你们可能认识德国游泳运动选手布丽塔・斯特芬。她多次在欧锦赛上获得冠军。此外，她分别在 2008 年北京奥运会和 2009 年罗马世锦赛上获得两块金牌。两次世界大赛上，她都创造了新的世界纪录。布丽塔・斯特芬在泳坛上书写了自己的辉煌人生。但在之前她是什么样子呢？

---

① 布丽塔・斯特芬（Britta Steffen），出生于 1983 年 11 月 16 日，是德国自由泳名将，也是目前女子 100 米自由泳世界纪录保持者。

2004年，她还在遭受心理恐惧的折磨。她的恐惧感非常强烈，把她所有积极的记忆全部挤占了。这种心理状况成为她取得成功的最大阻碍。

对此，布丽塔·斯特芬说过："在训练的时候，我的表现都很好。但每当面临关键时刻，我就不行了。恐惧感让我整个人都不听使唤。每次到了冲刺的关键节点，我就感觉自己心跳加快，心就好像快从胸口跳出来一样。这时候我就想，我还能呼吸吗？"

布丽塔·斯特芬确信自己需要疏导。她去参加了心理训练课程。不久她认识到，这一切很大程度上和自信心有关系。在重塑自信心后，她就能更好地承认自己的需求。

她不想参加大众化的训练，这样的条件让她变得很消沉。她认真地审视了自己的需求，只训练90分钟，然后中间休息。此外，她做完了很多心理训练。慢慢地，她又重新喜欢上了游泳。

再说到她的水下心理创伤。这个问题非常严肃。布丽塔·斯特芬七八岁的时候，一次，她在游泳社团的泳池玩耍，不小心整个身子陷在了漂浮在水面的垫子下面。她想要钻出水面，但脑袋一直被垫子挡住。她呛了好多水，心里想着："这下完了，要被淹死了。"最终她还是浮到了水面上，但这次经历给她的心理造成了创伤。

这个创伤一开始并没有被激发出来。在一次比赛中，她呛了水，突然，曾经的记忆被激活："你要淹死了。"同时，她在做出自我反应前，就非常恐慌。她想："天啊，我的心理出问题了。"

但是，借助心理练习，她可以克服这一切：她相信，呼吸完全不成问题。

她将水下垫子这次可怕事件不断地放大，甚至想象对面游来一头鲨鱼，她必须尽快游到岸边。这样的恐怖场景当然会激发出难以想象的力量。

但是，布丽塔·斯特芬成功做到了非常关键的一件事，她学会了根据需要开启或者关闭这个想象。当到达冲刺阶段时，这样的想象确实可以让她再次爆发力量。

她不再是被恐惧支配，而是利用恐惧明确目标，让自己获得更好的成绩。

现在，恐惧对她而言，是良药，而不是毒药。恐惧激发她的力量，而不是阻碍她的行动。通过心智炼金术，她成功地将恐惧转化为成功。

当然，这些少不了她长年累月的训练。她经受住了想要放弃的考验，她学会了如何控制自己的恐惧，同时将残酷的训练变成美好的事情。她的确是将问题转变成了金子——转变成了奥运会金牌。她成了泳坛上的领军人物。心智炼金术的影响力，是不是非常不可思议？

布丽塔·斯特芬的故事表明，我们不必事事靠自己完成，必要的时候可以借助外界的帮助。针对每种问题都有优秀的帮手。

我们在恐惧面前不是毫无防备能力，这一点在第二部分已经说过。同时我们还拥有演绎环境的能力。这就是责任心计划。我们可以像炼金术士一样行动，以此来收集我们潜意识的表现。

当恐惧感升起，眼前大多数事物都变得不再真实。这时我们也可以在大脑中像炼金术士一样采取行动，可以说：“正好，我要把发生的这一切都炼成金子。”这项技能练习得越多，我们就能变得越勇敢。

恐惧的对立面是自由。恐惧禁锢我们的行动，让我们选择放弃。而选择放弃的人，生活的环境就如同囚牢一样。当我们放弃后，又怎么会想要改变环境呢？**想获得自由的人，必须战胜自身的恐惧**。其中最好的选择是，成为炼金术士。

图为博多·舍费尔与弗朗茨·贝肯鲍尔（Franz Beckenbauer）

富人可以更好地解决问题

人生道路大体上分为两条。

一条宽阔平坦，大多数人选择这条路，但毫无前景。这条道路标榜的是：没有困难。但这是错误的，是彻头彻尾的谎言。**因为缺乏问题的磨炼，我们会很弱。当我们变得弱小，问题就会显得很强大，即使它实际上微不足道**。

还有另一条通往成功的独木桥，只有少数人选择这条路。它的诺言非常诚实，它说：如果你想要学习控制恐惧，克服困难，永不放弃，那么你将会变得很富有！的确，通往财富的道路并不宽阔，其中遍布险境，崎岖不平。

正是如此，大部分人不愿意选择这条道路。和我当初一样，不愿意接受困难，贪图安逸。但这样一来就大错特错了。你最后得到的和期待的截然不同。因为这两条道路正好相反：**富人掌控问题，而穷人被问题掌控**。

命运真的很讽刺：穷人竭尽所能地去逃避问题，但得到的是长期的贫穷和常遇不幸——同时也时常面临困境。富人懂得如何与问题相处。

因此他们总能发现新的任务——当然也会遇到新的难题。

对很多人而言，这个前景显得并无吸引力。更多的问题？难道问题永无止境吗？

答案是：是的，永无止境。这样才能造就我们成为人物。但是，当我们成长到比问题更强的那天，问题在我们眼中就不过如此。它们不再被看作不利因素，而仅仅是再普通不过的事件。和它们相处，就像吃饭、睡觉一样简单。到了这个水平，我们就完全战胜了问题。

假设，在第一级到第十级阶梯上，一个人目前处在第二级。而此时，问题处于第四级阶梯上。这样一来，问题的高度就是他的两倍，他肯定会被吓到。

但是，一旦他不断强化内心，站在第八级阶梯上时，他眼前的情景会发生翻天覆地的变化，他现在比第四阶梯上的问题强大两倍。这就意味着问题将不值一提。

因为问题只是那些我们无法驾驭的事情。无法驾驭，是因为我们还不够强大。每次被问题压倒，我们都要清醒地认识到，这**不是因为问题太强，而是我们太弱。我们必须不断地成长，直到大大地超越问题**。

我们怎样才能超越问题呢？答案是：通过问题磨炼自己。从某种角度看，问题是我们成长的催化剂。

其中关键的一个步骤是，不要过多专注问题本身，而是要注重解决办法。

我们要先考虑长效机制，也就是思考是否能找到一劳永逸的办法——怎样做才能改变生活。

大部分人都备受挫折地紧盯着问题。而赢家只会在短暂的沮丧之后，就将失意转化为得意。他们会立即行动起来，寻找解决问题的办法，同时尽快地从问题中挖掘出可能性和机遇。

通过问题，我们可以磨炼心智。**成功克服的问题越大，我们承担的责任感就越强，同时也会赚得越多！**

还有一点非常重要：这件事情永无止境。谁要是认为只要获得一定财富后就能无忧无虑，那么他总有一天会如梦初醒。成功是永远持续的过程，绝不是一种固定的状态。

如果我们内心的容量太小，那里面肯定装不住财富。内心有多强，收获的财富就有多少。

富人和穷人如何处理问题

赢家不会紧盯着问题看，而是专注于长远的目标，他们始终以解决办法为导向。

富人从不抱怨，穷人总是诉苦。

穷人以问题为导向。穷人总是试图绕问题而行，因此错失了途中许多充实和丰富人生的风景。

相反，富人不会一开始坐着傻等问题，而是有意识地朝着新的挑战前进。他们宣称：**每解决一个问题，我们都会立即寻找新的更具挑战的难题**。

他们为什么能够这样笃定？因为他们自身已经不断壮大，这些挑战在他们面前根本不值一提。

我们不要忘了，**问题更多取决于我们对待它的态度，而不在于问题本身**。世上本不存在问题。所有的事物原本都是中性的——直到我们去评判，去抉择。出现困境实际上是因为，我们在问题面前太过渺小。

其间，我们真的可以通过挑战不断地成长自己。因为这是挑战为我们准备的礼物。我们必须离开舒适区，由此人生会增加更多美妙的体验。

想要收获财富，必须做好面临一连串问题的准备。不要期待自己能幸运地轻松过关，而是多问问自己，怎样才能在这过程中更好地提升个人能力。

我有几点亲身经验，很有帮助，想分享给大家。每当我遇到问题，我就会把它当作对我的拷问：你有多强，博多·舍费尔？你到底有多大的能力？然后我会告诉自己：如果你可以解决问题，那么好好展现自己。如果你能力（还）不够，那么利用这次机会，锻炼自己。

我们必须解决许多问题，才能成长为自己期待的模样，但我们往往不愿意去付出。问题当然不可能让人舒适，但这有一定的好处。**因为我们只有在真正富有挑战的环境下才会成长**。

我向你们保证，这些努力都是值得的。**当你最终成为解决问题的一把好手，还有什么能阻挡你呢？**当你强大到问题在你面前毫无威胁性，又还有什么能制止你呢？

答案是：不存在任何事情！

当你能做到一往无前，你就拥有了自由选择的权利。你可以选择任何事情。你可以做任何想做的事。

你选择自己的生活，反过来，这份生活就会属于你。这就是自由。这中间最关键的一点在于：能解决问题的人，可以享受真正的自由。那些被问题击败的人，只能成为问题的囚徒。千万不要让你的问题比你自己更强大。

下面我摘录了我的著作《赢家法则》中的两点法则的片段——这两点对这个话题都非常重要。

第十五点法则：通过问题成长

我们必须判断，我们身边发生了什么事情，同时我们内心对这些事做出了怎样的反应。我们绝对不可能影响所有的事件，自己的想法可能会一再“泡汤”。

沮丧是在所难免的，但是我们可以学习将沮丧的时间缩短。比如，如果我们经历失败和个人灰心丧气时，会萎靡不振3周，那我们就必须学会把这段时间缩短为3天，然后3小时，最终缩短为3分钟。

赢家都会专门训练这项能力。这点适用于人们面临的大部分问题，不过不包括像危及生命的疾病等这些命运打击。

任何人都免不了会遇到问题。但是当许多人还沉浸在问题中时，赢家早已从沮丧中抽身出来。紧接着他们会将失意化为得意。很快他们会积极地寻找解决问题的办法：他们非常沉迷于在问题中发现的可能性和机会。

只要我们情绪上仍旧被问题牵制，那我们一直都没有行动能力。

不要忘了，决定权在我们自己身上，而不是在问题那里。

只要我们不再专注于问题，而是专心于解决办法，那么问题便会在这一刻失去控制情绪的能力。一旦遇到问题，我们应当最多只把 10% 的精力花在问题上，而 90% 的精力要用于寻找解决办法。

我的建议是：变身为问题解决者。

而且在以下两个层面：

1. 专注于解决问题的办法，而不是专注于问题。

2. 借此将情绪从问题中摆脱出来。

赢家对待问题的态度

为什么赢家对待问题的方式截然不同呢？他们从哪儿获得的这份力量呢？最重要的不同点和获取力量的关键，在于他们对待问题的态度。赢家看待问题的方式完全不同，特别是有以下 3 个不同点。

1. 赢家从不将问题看作已成定局。

他们更多地认为："事情会发生改变。"因此，他们动力十足地去寻找解决办法。而那些将问题看作定局的人，只会屈服于所谓的"命运"。

2. 赢家不会允许问题影响自己生活的各个方面。

生活的一个领域出现问题，绝不会搞砸全部的生活。总是夸大问题的人会认为，自己肯定再也无法享受生活了，只能眼睁睁地看着生活条件一步步被摧毁。这样一来，他们会渐渐认为，生活毫无意义，而且自己无法掌控自己的人生。

3. 赢家不会把问题牵扯个人身上。

他们更多地将问题看作促进成长的挑战和机遇。相反，谁要是将问题看成个人性格缺陷的表现，那么他会感到非常无助。他应该怎样才能迅速翻转生活呢?

赢家用如下的方式对待问题：

1）问题可以提供机会，让我们扩大影响范围。**每当问题出现，我们就必须离开舒适区。人生中最卓越的成就往往都由此产生**。只要人生的意义在于学习和成长，那么问题就会成为我们成长的动机。

2）不要总是向往容易的生活，要期盼自己多获得技能。不要指望问题自动消失，而要期望自己能学会游刃有余地面对问题。

3）**就算傻瓜也懂得怎样对待成功，但是只有少部分人具备正确处理失败和问题的能力**。专业人士可以取得最好的结果，就算他不喜欢。

4）问题促进我们内在成长。它可以阻止我们浪费潜能。我们必须保持活动、保持创造力。我们必须不断地超越自己。

5）问题和苦痛的背后，都会埋藏着宝藏。但很多人只会盯着问题，而没有发掘出宝藏。

6）人们通常缺乏统揽全局的能力。我们可能把某件事情描绘成灾难，因为我们只看到了全局的一小部分。之后我们会认识到，这个臆想的灾难可能是发生在我们身上最好的事情。

图为博多·舍费尔与罗伯特·清崎（Robert Kiyosaki）

你拥有掌握生命的力量

每次在生活中遇到问题的时候，最好立刻去寻找解决的办法。不要耗费时间去气恼，去抱怨。这样做毫无帮助，只会浪费精力。

非常重要的一点：**不要把自己看作无助的牺牲者。也不要通过夸大命运的不公来试图寻求他人同情。你最终需要的是尊重，而不是怜悯。**

不要忘了：你把责任推给谁，你就把权力给了谁。除了你自己以外，没人有掌控你生活的权力。虽然你可能不该对每一个问题负责，但至少有一部分责任（权力使然！）。但是怎样对待问题，完全取决于你自己一个人。

问题可以分成三种不同的类型：

1. 我们可以直接掌控的问题。通过改变习惯，我们便可以解决这类问题。比如，钱是否够用，和我们的花钱习惯有关。这类问题完全受我们个人的影响。

2. 我们只能间接控制的问题。这部分可以通过扩大我们的影响范围来解决。

3. 完全超出我们掌控范围的问题。但是在这样的局势下，我们可以控制的是该事件在我们身上的映射，也就是我们的感受和反应。最好的态度是面带微笑，尽管遭遇问题，仍然积极地去面对。我们就是问题解决者。

六个进阶为问题解决者的实用步骤

一旦出现问题，你最好立刻去探明，自己能做些什么。过去的事情你无法改变。重要的是，要让我们的思想尽可能迅速地步入正轨，迅速抛出以下几个利于解决问题的问题：

1. 这个问题能带来什么好处？

如果你觉得什么好处也没有，那么你再问问自己究竟能从这个问题中获得什么，这样，你会立刻关注到这件事带来的教训。每个人都能从中获得教训，但不是所有人都会去探寻它。

2. 我的生活中还有哪些不完美的地方，才会导致这次难关出现？

通过这个问题，可以避免把自己看作无助的牺牲者。也许有人卑鄙地在背后捅你刀子，但是这样的想法不会促使你前进。另外一点帮助是，可以避免今后再次遇到类似的问题。

3. 我准备好了做哪些事情，避免自己今后再陷入这番境地？

最理想的情况是，你不仅解决了这项难题，而且从这件事出发，你还能避免这样的事情今后再次发生。有些问题只需要通过简单地改变行为举止就能解决。

4. 有哪些可能的解决办法？

在这里，你要听取懂行的人的建议。但一定注意，要基于本质来描述你遇到的问题。你需要的是建议，而不是同情。依靠倾吐困难来获取“理解”，就好像给野草施肥一样。

5. 哪一个解决方法最好？

不要总是沉湎于你无法改变的过去，让自己生气毫无用处，要通过专注于解决办法来向未来看齐。

6. 我怎样在克服难题中获得快乐？

一个人如果总是因为问题而感到痛苦，那么他的生活将毫无意义。谁要是想把问题都解决完之后再开始享受生活，那么他得到的快乐就太少了。

生活常常是由一个个问题串联起来的，而且这样很有好处。如果你在面临棘手难题时仍旧放声大笑，从中作乐，也许会被认为太“冷淡”，一点都不“感性”。

但是基本上这背后肯定藏有嫉妒，因为你能够如此有技巧地对待问题。

许多问题总是以相似的形态反复出现

为什么又是我？为什么这件事情总是发生在我身上？有时候看起来就好像生活一定要给我们教训。并且，同样的教训会反复出现，直到我们真正将它内化于心。

我们可以搬家，换工作，换合作伙伴。但该来的教训还是不会改变。与其试图逃避这些教训，还不如好好地去探索它们。

我们不能一直逃避学习任务。谁要是移居日本，也会在当地接受日本化的学习。不管如何搬迁，这些都会一直伴随着他。

教训最开始只会以一个小信号的形态出现，如果我们无视它，那么会引来更强的信号——如同一拳暴击。生活永远不会惩罚我们，它是在教育我们。任何事情都有它存在的意义，通常这份意义不会一开始就显现出来。但是当我们慢慢走近，揭开它的面纱，我们会意识到自己缺少了什么。比如，同情心，对真正重要事情的专注度，对我们的孩子和同伴的责任心，内心的平和……一旦我们懂得了这个意义，某些经验也就可有可无。

不是所有的问题都是"生活带给我们"的，有很多纯粹是我们自己造成的。我们好不容易多凑点儿钱，想买更豪华的车子、更大的房子。这样一来又会产生新的问题。我们不断将那些自己恐惧的事情加在自己身上。我们的想法总是在制造新的麻烦。

生活肯定不会总是痛苦的——但时不时会如此。一个原因是：对于我们大部分人而言，产生痛苦的主要原因是让我们去改变生活的某一方面。游戏只要没有痛苦，许多人会选择保持原状。但当某件事真的会让人受伤，我们才会敏感，才会放开自己做出必要的改变。

我们会异口同声地宣称，让挑战来得更猛烈些吧。但当我们可以选择时，往往都会选择更轻松的，没有过分要求的挑战。**大部分挑战我们必须完成，才能让自己成长为自己期待的样子，但我们常常半途而废**。

挑战和问题肯定不会令人舒适，但却有好处。因为我们只有在真正具有挑战的环境下，才会成长。

我们的生活也许永远不可能“轻松”。但是我们可以通过成长和学习，让自己更好地驾驭生活。这些和问题的相处之道不是教你如何获得轻松的生活，而是让你可以学会有趣地生活。

大部分人认为，只有问题消失，他们才能幸福。赢家知道，问题从不会间断。一个人越是成功，他遇到的问题也会越多。

因此赢家学习去爱上问题。他们遇到问题会感到快乐，甚至常常因为这个问题而开心。他们的生活准则是：“当我们解决掉了一个问题，我们会立刻去寻找新的更具挑战的难题。”

丘吉尔的一生

第八点法则：学习去战胜困难

当年，温斯顿·丘吉尔爵士被邀请到一所大学做演讲时，已经93岁高龄了。很多人从远方赶来，为了听他们国家最著名的人演讲。

当丘吉尔走进演讲大厅，里面已经聚集了数千人。该大学系主任介绍丘吉尔是当时英国最卓越的人物。他即将做出的重要演讲，在一定程度上是他一生漫长岁月的精髓。在雷鸣般的掌声中，丘吉尔走上台，做了以下演说：“绝不、绝不、绝不、绝不放弃。”

人们当时还需要缓一下，才明白演讲已经结束了。不是所有人都对此感到满意，毕竟很多人为了听演讲，千里迢迢地赶到这里。但是当我们审视丘吉尔的生平，我们很快会明白，为什么他的演讲如此之短。

对于这位老人而言，没有什么比这句话更重要：放弃者，输家也。我们可能会犯很多错误，这并不可怕。我们可能会遇到很多问题，这些我们都能解决。但是如果我们选择了放弃，那一切都完了。**谁要是有一次选择了放弃梦想，那么很有可能就永远失去了追梦的能力。谁要是失去梦想，生命只会形同枯槁**。

有很长一段时间，丘吉尔都是一名被遗忘的政治家。他的忍耐力经受了长年的考验。当他终于被任命为首相时，第二次世界大战爆发了。人们问他，他如何知道，他是这个乱世中最正确的人选。丘吉尔回答道："我知道，因为我的一生都在为此做准备。"

接着，伦敦遭遇了德国战机轰炸，大批平民百姓死于这次轰炸。英国似乎走入了绝境。当时每个夜晚都会被投放新的炸弹，死难者越来越多。有很多人士敦促丘吉尔尽快向德国投降，避免继续产生"毫无意义的死伤"。

一天晚上，丘吉尔又一次经历了严峻的考验。敌军开启了新一轮对伦敦的死亡轰炸。丘吉尔的一批好友都聚集起来，企图迫使其投降。他们认为无辜百姓的死伤都是因为他，就连最好的朋友都认为对于国民的死难，他难辞其咎。

但是，丘吉尔知道，这样做将意味着产生更多的牺牲者。他向着黑夜中的炸弹，挥拳大喊："我不会放弃，永远不会。绝不，绝不，绝不放弃！"

“不要因为有难度，就放弃那些重要的事情。”

图为2006年，博多·舍费尔在莫斯科奥林匹克体育场，面对35000名观众，进行了一次成功的演讲。

我们越不过的那些教训

不是所有人的忍耐力都能经受住同样的考验。但是对我们而言，毅力是很重要的一点法则。从某些方面来讲，它甚至可以摆在最重要的位置：所有的错误你都有改正的机会。但如果你放弃了，那一切都会失去意义。那样只有结束，出局。因此每个人必须给自己打造更坚强的外在，拥有更强的受挫能力。

为什么赢家将问题称作教训呢？为什么发生在我们身上的事情就不能容易些呢？为什么我们必须保持奋斗姿态？这些问题都没有一个最终的答案。这便是生活的奥秘。

但是我们知道，人生就是如此。我们的骨骼必须承重，否则就会不堪一击，一段时间内甚至会发生骨折。宇航员就有过这样的经历，因为他们要在失重的环境中保持训练。同样，我们还需要失败，让我们变得强大。

一个小男孩儿观察到旁边有一只蝴蝶，正在努力地破茧而出。出于同情，他想帮帮这个小家伙，帮它把茧剥开。但是小男孩儿的父亲制止了他。因为小男孩儿的“帮助”对蝴蝶来讲意味着致命打击。破茧的这场战斗对蝴蝶而言非常重要，因为这样它才能强健翅膀。不付出这份努力，我们会非常脆弱，无法获得成长。

“婴儿潮”

许多对美国经济奇迹做出过贡献的人，在青年时期都经历过严重的经济危机。在之后，他们作为士兵参与了第二次世界大战，他们都懂得与困难做斗争。

这些一手建立起自己公司的企业家渐渐地老去，开始把企业的管理权交到自己儿女手中。那么，这些所谓的“婴儿潮”一代的人，和他们父辈的成长路径完全不同。他们没有经历过困境，他们的父母把所有的问题都替他们隔离开来，因为他们想给自己孩子提供最优质的成长环境。

但是，“婴儿潮”一代领导公司时，他们仍旧重复着一贯作风：避开发展道路中的问题和困难。他们无法胜任这项任务。

亚伯拉罕·林肯（Abraham Lincoln）说过：“当你们帮他们，做他们自己应当且能够做的事情时，不能持续一直帮助下去。”

问题会随着各个阶段增加

生活就如同阶梯。站在一个平台上，在继续向上爬之前，我们要努力好长一段时间。然后一下子往上跳跃达到一层更高的水平——在那儿又有一个平台等着我们。

这些带着挑战的平台包含了一个意义，它们已经准备好了在下一层阶梯等着我们。每一级阶梯都有它的难度。如果无法战胜它们，我们便无法继续前行。这样也有好处，因为这表明在下一级阶梯面前，我们还不够强大。

你无法避免失败，这些都属于生活和工作的一部分。你不可能改变他人和自然法则。大部分事情是你无法改变的。不听劝阻，你只会招致沮丧。唯一你可以改变的是你自己，以及困难对你的影响程度。

同样，不管你的想法、你的产品和你的服务到底有多好，它们都不可能完美无瑕。总会有人拒绝你的产品和想法。道路上总会存在各种各样的问题。**每一声“不”和每一次挑战要么是表达放弃的歉意，要么就是一次学习和继续前行的机会**。这些问题或变成障碍，或让你能更强大地迎接下一级阶梯。选择权在你自己手中。

替代选项是什么？

你越积极，走得越远，你必须完成的挑战数目就会越大。有部分人企图完全避开问题，并且试图找到一个永远不会令人失望的工作。然而，问题是每一项成功都不可或缺的组成部分。这些徒劳的尝试只会带来沮丧。

另外有一部分人打算一直待在现处的阶梯上，因为他们听说越往上走，难度越大。但他们忽视了，长时间待在同一阶梯上，等同于没有战胜已经确定的问题。

而这个问题也不会让我们得到清静：它们会持续反复出现。我们没有学会的教训，将会一再呈现出来，一遍又一遍，这必然又会引起挫败感。如此看来，学习和战胜新的挑战反而更有乐趣。

一些可能遇到的阶段

赢家觉得，每一级阶梯上存在各式各样不同的问题，简直太令人激动了。他们无比期待去解决更高层级的问题。这表明，他们完全能胜任解决这些问题。也是出于这点原因，丘吉尔不满足于只是说“绝不放弃”，他强调说“绝不，绝不，绝不，绝不”，因为他知道，不同的平台上我们会遇到各种各样的问题。

比如，这些层级你可能遇到以下的问题。

第一层：你产生了一个想法，但是没有人相信你的想法能成真。你的亲人和朋友都劝你回归“理智”。你必须学会，坚定地相信自己。

第二层：你想要自主创业，但是你资金不够。银行退回了你的贷款申请，因为你应该首先提供一份证明材料，表明自己至少成功过一次。但是你正是需要这笔钱才能获得成功。你必须学会，为了成功而作战。

第三层：你的生意运转正常，但是你没有收获肯定，而是发现嫉妒之心。有人在背后对你进行造谣中伤。你必须学会，不管别人说你什么，都能云淡风轻地对待。

第四层：你处在非常艰难的阶段，和伴侣之间出现了裂痕。在你伴侣的兴趣爱好上，你花的“时间太少”。你的伴侣也突然不理解你的抱负。你必须学会，要把你的伴侣纳入考虑范围，要认识到，如果他站在你这一边，你的能力会更强。

第五层：你的产品和服务招揽了一大群客户，但是他们不按时结账，他们身上的应收款项数额巨大。你必须学会未雨绸缪，创建储备金。

第六层：你获得了一个又一个的成功，但是你出现了健康问题。你必须学会，生活不只是围着职场成就打转。现在是时候，去关心生活中的其他领域。

第七层：你急需招聘资质合格的员工，但一直找不到合适人选。你必须学会拒绝。寻找“工作驴”，还是寻找你愿意给他提供真正机会的伙伴，有非常大的区别。

第八层：你保持了很长一段时间的成功，但突然有一天破产了。你必须懂得，没有那一项成功可以永远持续。因为到达高山之巅紧接着就会面临深渊。山峰过后总会迎来山谷，但接着又会达到山峰。

第九层：一切都显得异常的没有意义。你不能也不想继续激励自己。经济上的成功只能短期掩盖内心的空虚。你必须认识到人生的意义，多倾听内心的声音，多去关心自身的其他方面。

这些只是可能遇到的教训中很少的一部分。往往一个教训还没有吃透，另一个又冒出来。这就是生活。**我们不管什么时候遇到这类教训，以下两种情况肯定会出现一种：要么我们选择放弃，要么我们变得更强大**。

你可以积极地来看待：当你遇到新的问题，这说明你又取得了进步。你离开了过去旧的平台，现在站在了更高的位置上。你具备了朝着下一层平台前进的资格。

发动机

有一条道路，可以加速我们学习和成长的进程。赢家一开始并不会等待困境出现。他们会有意识地朝着新的挑战前进。他们会开启一个新的项目，虽然他们知道，前方有非常多的问题需要去解决。

别人看作棘手的处境，对他们而言，却是挑战和机遇。

他们的座右铭是：**每解决一个问题，我们都会立即寻找新的更具挑战的难题**。他们知道，每项更高的任务都意味着需要更强的失败承受力。因此，他们会有意识地训练自己处理问题的能力。

他们的这份力量从何而来？他们发现一个有趣的现象：一项新任务的起初阶段，相对简单的事情会显得颇有难度。但之后困难的事情会变得相对容易。就好像学习写字。一开始学习写字时写“一”，也比几年后写“矗”要难得多。

你必须先战胜眼前的困难。如果成功了，你的“毅力肌肉”会得到发展，之后遇到更有难度的情况，你也可以比现在更加游刃有余。

大多数时候，阻碍我们的不是问题，而是我们对问题的态度。唯一真正危险的敌人不在我们之外，而在我们内心。赢家绝不、绝不、绝不、绝不放弃。永远不会放弃！

“成功人士犯过的错远远多于普通人。”

图为博多·舍费尔与理查德·布兰森爵士

“如果我跨出新的步伐前，没有感觉害怕，那么这说明，步子迈得太小了。”

着眼大局

当然，主题之间都是融会贯通的：我们第一部分讲述的内容，在这儿也同样适用。如果我们想要避免放弃，想要坚持到底，那么很重要的一点是：我们要具备日常工作方法体系来建立动量。

当然在问题上，也同样适用：**如果我们拥有动量，那么许多问题就根本不值一提**。它们确实只能算非常微小的障碍，我们不费吹灰之力就能通过，就像一辆全速前进的重型火车。

动量当然也对对抗忧虑和恐惧有很大的帮助。我们如果具备了有效的工作方法，并用动量去充实它，那么我们根本就没有时间去想象，自己要忧虑生活中的什么事情，害怕哪些方面。我们一心一意都扑在任务中，专注体验过程。

《圣经》中讲过一个很简单的事例。

故事讲了一位优秀的播种者。在这儿，《圣经》有意识地称之为"优秀的播种者"，这说明他是这项工作的专家，他具备出色的日常工作方法体系，并建立了动量。

故事很简单。这位优秀的播种者勤劳地撒下了种子。但并非所有事情都朝着期待的方向发展。有一些种子被鸟儿吃掉了，有一些旱死了，有一些陷入荆棘丛里。但这位播种者只是继续播种。通过等待，他最终获得了丰收。

这则短小的故事蕴含着这几点很重要的教训。

1. 并非我们做的所有事情都会成功。因为不可能事事成功，所以我们必须多多播种。我们不能将希望仅仅寄托于一粒种子上。

2. 我们不应当去主要紧盯着我们的敌人，而是要多关注工作。故事中鸟儿和荆棘丛便是敌人。要是只去消灭它们，绝对不可能达到自己的目标。成功的人，总会有敌人相伴。这是最简单不过的自然法则。聪明的播种者只是直接继续撒种。只要种子足够多，那么不管是鸟儿还是荆棘丛，都不能阻碍它们生长。

3. 我们必须一开始尽全力去播种，才能有所收获。报答永远只会出现在付出之后。宇宙只会回馈那些努力的人，而不是那些总找借口的人。

4. 我们需要耐心。生长需要时间。播种两天不可能就长出庄稼。仅仅靠工作还不够，还要靠耐心配合，才能收获成果。

5. 种瓜得瓜，种豆得豆。不管好的或坏的撒种都会伴随我们一生。我们应该对每一次播种都谨慎对待：种子是会发芽长大的。

许多问题我们根本不需要去在意。不如更好地花时间去关心我们的工作。花费大部分时间去解决问题的人，常常会忽略掉目标。

日常工作方法体系和动量是预防恐惧、问题和放弃的最好措施。我们如果具备了优秀的工作方法体系和动量，许多恐惧完全不会产生。问题也会相对变得无关紧要，因为我们没有太多时间去烦心它们。放弃就更不可能成为一个选项。

这三项——恐惧、放弃的诱惑、问题——中的任何一项一旦占据压倒性的优势，我们就要使用心智炼金术。当我们一无所有时，只要我们是炼金术士，我们仍然具有精神的力量。

最后，更深层次的维度

也许你会时不时地问自己："这么努力是为了什么？"对于这个问题，我当然无法给出答案。每个人都有自己的理由。这在于你自己的需求和目标。首先，我认为，每一个人的内心深处都能感受到自己真正需要做和想做的事情是什么。我们只需要听从内心的声音即可。

我们最后讲一个塞涅卡（Seneca）的故事。

塞涅卡的一生历经了大起大落。他是当时古罗马最富有的人，仅次于皇帝。公元 41 年，他被皇帝克劳狄乌斯流放到科西嘉岛上，他不得不在那里孤单且艰难地生活了 8 年。安逸舒适的生活、一切奢侈品，一切权力……所有的一切都在一夜之间化为乌有。

作为心智炼金术士，塞涅卡思考着："这样的处境下会蕴藏着哪些优势呢？"最终他得出：他现在可以把自己的哲学实际运用到真正的生活中。他是斯多亚学派，斯多亚学派哲学家懂得无畏地面对死亡和清苦的生活。

塞涅卡认为，再也找不到比这个偏远且尚未开化的小岛更适合的实验场地了。那些年，他把自己的哲学思想写了下来，做好了死亡的准备。奇怪的是，他变得越来越快乐，而且克服了对死亡的恐惧，并达到了一种绝对自由的状态。他变得越来越强大，发现了更深层次的自由。

8年后，他被赦免召回罗马，担任12岁的鲁奇乌斯·多米提乌斯（Lucius Domitius）的老师。他就是之后著名的皇帝尼禄。在尼禄统治的前5年，塞涅卡实际上是罗马帝国的摄政王。

因此，他不得不一直努力克制尼禄对权力的欲望。塞涅卡再次变得非常富有，可以说是富可敌国。这又一次招致了他人的妒忌，一时间谣言四起，说塞涅卡利用国家进行敛财。尼禄开始相信这些谣言。塞涅卡不得不再次筹划，拯救自己生命。

在科西嘉岛上，塞涅卡学会了过简单朴素的生活。因此，对他而言，放弃这些财富、地位并不困难。公元62年，他辞去了一切职务——因为他已经嗅出了危险的气息——然后搬回乡下房子生活。同时，他做了一件非常值得大家注意的事情，他把几乎全部的财产都上交给了尼禄。

这样一来，他让自己快乐地生活了差不多3年。但最终，尼禄还是派兵赐他自尽。

塞涅卡平静地请求更改自己的遗嘱。他打算把留在身边的一点点财产赠予自己的朋友。但他的请求被拒绝了。因此，他对当时在场的朋友说："他们拒绝我表达对你们帮助的感激之情，我要把我唯一剩下的最珍贵的财富留给你们：我实践的生活模式。"

我们最珍贵的财富是：我们实践的生活模式。

接着，塞涅卡割断了自己的静脉，结束此生——镇定且安详。连逼近的死亡也无法将他的平静夺走。那些在场的人意识到：尽早明白，人固有一死，那么死亡就不再令人害怕。他还能找寻到人生的安宁和力量。

也许这就是心智炼金术带给我们最后的力量：明白我们都将死亡，不要驱散对死亡的思考，而是去接受它。令人惊讶的是，这些想法并不会令我们不安，每次我们安静平和地思考时都不会，它能给我们带来安宁。

还会发生的是，当我们接受了死亡，那我们的整个人生都和死亡关联起来。这意味着，我们的恐惧和忧虑会被削弱。放弃完全不再作为一个选项，因为我们懂得更好地去珍惜人生的礼物。问题也将丧失力量，变得无足轻重。

或许许多智者的这句话是对的：当我们个人的死亡能让自己平和，我们才真正懂得如何正确地生活。然后我们会感觉和某种更强大的事物联结在一起。我们会懂得更加珍惜生活。**当我们不再惧怕死亡，那我们的人生便无所畏惧**。

当我们想到死亡时，我们就没必要再执着于任何事物。我们会重视使生活舒适的东西，但我们不需要它们。我们会更加独立和自由，会感到生活前所未有地轻松。同时，我们能更深刻地体会，什么才是真正重要的事情。

我们可以更深入地体验稍纵即逝的快乐。懂得生活的短暂性将释放我们深层的力量，我们不会再轻易哭诉、抱怨。我们将拼尽全力地去生活。如果掌握了心智炼金术，我们会生活得更美好，会成为别人的励志榜样。

当我们做到所有这一切，也许我们也能像塞涅卡一样，在生命的尽头，给我们的后辈和朋友留下最宝贵的财富：我实践的生活模式。

心智炼金术让我们自由。问题可以被我们转化为金子。这样一来，坚持会越来越容易，甚至恐惧也会在我们身上失去它的法力。

“你现在克服的每一个困难处境，未来都不会再出现在你面前。”

我对你的祝愿

希望心智炼金术的力量与你同在。

希望这股力量让你所向披靡。

你能成为最好的自己。

生活成梦想的模样。

◆将问题转化为金子的 20 条金句◆

1. 通过九九八十一道难关，我可以实现迅速成功致富。

2. 如果我不学习与问题打交道，我的人生就只能达到庸庸碌碌的中等水平。

3. 如果我逃避问题，最终只能和自己原本希望达成的目标南辕北辙。我们要么控制困难，要么被困难反制。

4. 问题的确是成功不可或缺的元素，通过它才能造就成功。

问题 + 策略 = 成功

5. 成功人士会把逆境转化成金子般的机遇。他们能够化土成金。

6. 从深层次理解我明白了：根本就不存在问题。有的只是普通原材料和没有好坏之分的环境而已。然后由我们决定，从这些原料中生产出什么。

7. 为了解决问题，我会做一切有必要的事情。

8. 如果自己暂时没有钱，这并不是问题。我们的身边有足够多赚钱的机会。然后我会付出一切努力去做。

9. 当我比问题更强大，我完全可以创造奇迹。

10. 从问题中衍生出最大的问题是：从中引发的恐惧感。恐惧不可以夺走我们人生的指挥权。因为恐惧会让我们变得渺小。

11. 产生恐惧感主要因为我们总是消极评估事情。如果我们能找寻所处环境的积极面，我就能感觉充满力量。那么恐惧便无处容身。

12. 我常常思考，怎样才能从棘手的处境中寻找出机遇，怎样才能化土成金。

13. 我知道，同一批材料，既可能制造出障碍，也可能创造出成功阶梯。这完全取决于我自己。

14. 如果我在人生中采取防御姿态，我是在欺骗自己认为这是最好的选择。

15. 我要谨慎对待自己的想法。我可以化土成金，但反过来也能化优势为劣势。

16. 我最大的问题在于我内心的恐惧。我可以像布丽塔·斯特芬一样，将这份恐惧化为助力，作为一种良药。如此一来，恐惧甚至能激发力量。作为心智炼金术士，我可以将恐惧转化为成功。

17. 我比问题更加强大。对我来讲，问题永远不会太强，而是我自己太弱。

18. 在一个问题面前，我总是设想这是对我的拷问："我究竟有多强？"

19. 如果我可以解决问题，那么我会好好展现自己。但如果我能力还远远不够，我会利用这次机会，锻炼自己。

20. 当困难在我面前毫无威胁性，那么再也没有任何事情能够阻止我。我会拥有自由选择的权利。我可以做任何想做的事。这就是绝对的自由。

如果你不能飞行，那么可以奔跑。

如果你不能奔跑，那么可以行走。

如果你不能行走，那么可以爬行。

但无论做什么，

你永远必须保持前进的方向。

——马丁·路德·金（Martin Luther King）

“摆脱恐惧总是要通过快速行动。现在就行动起来！”

◎ 现在继续做什么 ◎

亲爱的读者：

26岁那年，我破产了。那时，有一位可爱且富有的人向我展示了通往富裕和财务自由的钥匙。4年半后，我实现了财务自由。我可以依靠存款的利息生活。

其间，我通过讲座指导了数十万的人。他们面临的状况各不相同，但他们中许多人现在都实现了财务自由。

这部分人不必再继续工作，但尽管如此，他们中大部分人仍旧在继续工作，因为这能给他们带来快乐。但重要的是：他们可以决定自己想做的事情。他们还能决定想在哪里生活，以及决定每天生活的样子。

我们可以确定地说：每个人都能变得富有。致富一点儿都不困难。

也许你会问：那为什么富有的人依然不多呢？

答案是：我们中的大部分人根本不学这些。他们的父辈不富有，也没有老师在学校教这些内容，政客也不是这方面的好榜样……

总是会出现一些革命性的产品，可以改变一切。一个人如果在他的职业生涯中拥有参与这些产品的机会，一定要好好珍惜。在这方面，我非常幸运，我已经和我的伙伴推出了多个这类的产品。

请允许我给大家分享四个简短的故事。故事讲了四项开创性的产品，在我们成人教育行业都具有里程碑式意义。

第一则故事：我的讲座的诞生

1994年，我举办了第一场财富讲座，主题是“实现财务成功的突破”，之后又演讲了“7年赚到第一个1000万”。

起初，这一切并不容易。有一次，一场讲座只有4个人报名参加。我差点儿想要放弃了。但是，我想要遵从自己的热情，因此最终我们总共5个人，举办了整整2个周末的讲座。这是一次转折点，就好像给自己证明了：我不会放弃。我把这事儿做成了。从那个时候开始，越来越多的人加入进来。最开始是几百人，后来增加到了几千人。听众越来越多，最主要的一个原因在于：这些讲座，让很多人实现了财务自由。

此外，我们还制作了讲座音频，有超过50万人购买。

我特别高兴，而且非常自豪，100多万人看过或者听过我的讲座。当我们致力于做自己热爱的事业，发生的一切就太不可思议了。

第二则故事：第一本书

1997年2月，我写了第一本书——《财务自由之路》。这是一本关于理财的书，但几乎没有一个相信的人。57个出版社拒绝出版此书。长达18个月的时间里，我收到的全是回绝。当时，全世界已经有差不多50万本关于理财的书籍……

但是，我自己深知，这本书非常有价值。我的坚持是值得的：我非常高兴，书籍出版的前3个月，仅仅在德国就销售出了10多万本。在这期间，全球范围内还售出了超过10万册。《财务自由之路》成了全球最成功的一本投资理财类图书。

我认为，我们绝对不能放弃，绝不。生活值得我们去坚持。我们必须去做我们真正热爱的事情。为了一个理念，为了问题的解决办法，为了消除不公。

第三则故事：第一场DVD讲座

第一本书获得的成功，实实在在地给我注入了动力。我继续开写新书，参加了非常多的脱口秀节目，接受了大量采访……作为演讲者，我的讲座更是场场座无虚席。但是，由于工作量太大，我过度透支了身体。1999年末，我病倒了，无法继续开展讲座。

生活不会总是一帆风顺。当一切进展顺利时，我们不能认为可以一直幸运下去。这段时间内，我学到了很多。

整个时期，我都没有放弃自己的梦想，带领人们走向财务自由。但是，也发生了些许变化：现在重要的是，不仅帮助他人致富，还要让他们富裕且幸福。我朝着这个目标，继续努力。我不想继续过度工作，但是，同时又想惠及更多的人。

2008年，我们推出了DVD入门礼包，简单明了地讲解了致富之路。

截至2016年，已经有超过15000人购买了这份礼包。

我认为，我经历的这一切，很多人都经历过：许多人都会在某一个时间点，不想或者不能这样继续自己的工作。他们想要继续提升或者必须有所改变。

我的经验是，对此我们不能放弃自己的热情，我们要不断将之深化发展，同时不断改进方法。结果还可以让我们更加高效。如果我们对热爱的事业保持初心，但是改变着力点和改进执行方法，事情的发展会让你意想不到。

如果有人能实现这三个里程碑中的一个，这就非常不可思议。但一直以来，我内心都渴望帮助更多的人实现财务自由。也就是说，我永远都感到不满足。我想创造一套更好的体系，并且想要一直不断地优化它。由此，又引发了第四则故事。现在我来给大家讲讲第四大里程碑。

第四则故事：我的毕生事业

第四则故事非常重要，它是从前三则故事中产生的。你能回想起我这三则故事中产生的教训吗?

1. 我们应当找到自己热爱的事情。否则我们无法体会到，我们真正的能力在哪些方面。

2. 不要放弃，绝不。但是，如果我们真正热爱某件事，我们需要去调整自己的热情。

3. 当我们经历艰难时期时，我们也可以很快乐。我们可以从中学习去优化工作的方法，使之更加高效。

我把所描述的这一切，以及我从以上三则故事中学到的全部经验，这些讲座，这些音频节目，我的私人教学，这些书籍……总结到了一个课程中。

财务自由真的可能吗

帮助更多的人实现财务自由，一直以来都是我内心最大的渴望。因此，我举办了很多场讲座，出了很多本书，并且亲自指导过很多人。

现在，我们为你将路径进一步做了简化。

1. 我们将最重要的讲座制成了视频，因此，你可以更加轻松舒适地在家观看。

2. 我会每周给你写一封指导信，以此来敦促你不断学习，并提醒你坚定目标。这封信的内容也会制成音频，可以方便你收听，比如早上开车时。

3. 你可以获得我讲座音频的 MP3 格式。

简而言之，我们会给你提供远程课程，确保你能够轻松致富。我阅读了超过4000本书籍，和上千名专家和百万富豪交谈过。我自己最初也得到过千万富豪和亿万富豪的指导。30岁时，我实现了财务自由，也就是说，从那时起，我可以靠“钱生钱”生活。我参加过250场讲座，并梳理出了所有讲座中最精华的内容：你将获得200名成功教练、畅销书作者、千万富豪和亿万富豪的知识。

现在即可试听财务自由的课程。注册网站www.bodoschaefer.de，可以免费收看4个课程节目。我们对致富课程做了进一步优化。通过视频课程你便可以实现财务自由。现在就来体验博多·舍费尔的指导课程——免费收看，没有任何附加条件。

免费视频课程：

· 金钱的秘密。

· 我们为什么总是在金钱上失败，对此我们可以做什么。

· 金钱缺口，怎样才能弥补。

· 这样创造真正的富裕——通往幸福和富裕至关重要的钥匙。

致以真诚的问候

博多·舍费尔

“实践！心智炼金术，让你梦想成真！”